깨!

속도로 우주의 거리를 구하라!

속도로 우주의 거리를 구하라!

글 김승태 | 그림 방상호

|주|자음과모음

차례

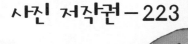

  밤하늘에 반짝이는 수많은 별들의 고향인 우주. 우주는 어릴 적부
터 항상 가 보고 싶었던 곳이지요.

  우리는 생각합니다. 외계인이 있을까? 그리고 그들은 어떠한 환
경에서 살고 있을까? 끝없이 펼쳐지는 우주 어느 곳에 외계인이 살
고 있을까? 정말 그들도 우리와 같은 모습으로 살아갈까? 생각만
해도 기대되는 이야기입니다.

  저는 외계인을 만날 수 있는 날이 얼마 남지 않았다고 생각합니
다. 많은 과학자들이 지금도 열심히 우주를 연구하고 있거든요. 여
러분이 어른이 될 즈음에는 자유롭게 우주여행을 할 수 있을 거라

믿어요.

그런데 알고 있나요? 우주를 연구하려면 수학과 과학을 공부해야 한다는 사실을요.

수학과 과학의 힘 없이는 우주에 나갈 수 없습니다. 우주선을 제작하는 과정에도 수학과 과학의 원리는 반드시 필요하지요.

여러분 중에는 수학과 과학을 공부할 때 머리에서 쥐가 나거나 머리가 터질 것 같다고 생각하는 친구들도 있을 겁니다. 수학과 과학은 학생들이 가장 어려워하는 과목이지만, 활용도가 아주 높은 과목이기도 하답니다. 머지않은 미래에 다가올 우주 시대를 생각하며, 힘들어도 열심히 공부하길 바랍니다.

과학은 재미있지만 수학은 어렵다고요?

여러분에게도 친구가 있듯이 수학과 과학은 서로 친구입니다. 과학은 수학이라는 언어 없이는 말 한마디 하기 힘든 과목이에요. 여러분이 과학자가 되었을 때, 수학이 과학의 언어라는 것을 알게 될 것입니다.

우주 이야기를 좋아하고 수학과 과학에 관심이 많은 저는 어떻게 하면 여러분에게 우주 이야기를 재미있게 전달할 수 있을까 고민하였습니다.

어느 별에 외계인이 살고 있을까?

여러분은 외계인이 있다고 생각하나요? 저는 반드시 외계인이 있을 거라고 믿고 있습니다. 물론 외계인을 찾는 것은 여러분이 우주 과학자라는 꿈을 이루어서 해내야 할 숙제입니다. 그들에게 지구라는 곳을 소개해 주고 잘 지내기를 바랍니다.

이 책에서는 우리가 나아가야 할 우주를 한번 알아보고, 그 크기가 얼마나 되는지 재어 보고자 했습니다. 물론 우주라는 곳은 너무나 방대하여 우리가 다 잴 수는 없지만, 이 책을 통해 여러분도 우

속도로 우주의 거리를 구하라!

주만큼이나 큰 꿈을 꾸어 보기를 바랍니다.

이 책에 등장하는 수희와 한별은 여러분 또래입니다. 이 책의 등장인물과 친구가 되어서 우주여행을 떠나는 건 어떨까요?

이 책을 읽으면서 여러분의 수학과 과학 상상력이 쑥쑥 자라길 바라며…….

김승태

등장인물

한별

과학을 엄청 좋아하고 잘하지만 수학이라는 말에는 닭살이 돋는 아이다. 과학을 잘하려면 수학을 잘해야 한다는 것을 알고 노력 중이다. 우주에 대한 호기심이 많아 우주여행을 계획하고 실행에 옮긴다. 수희의 단짝 친구이다.

수희

한별의 같은 반 친구로, 티격태격하지만 서로에게 없어서는 안 될 단짝이다. 수학을 엄청 잘하고 좋아하지만, 한별과 반대로 과학을 대하면 몸이 떨린다. 얼굴도 예쁘고 몸도 가냘프지만, 남학생들에게 지지 않을 만큼 힘이 세다. 한별과 우주여행을 하면서 수학 실력을 아낌없이 발휘하여 위기에서 모면할 수 있게 해 준다.

외계인

어느 별인지는 정확히 모르지만 분명히 외계에서 날아온 외계인이다. 자기 별에서 지구인에 대해 많이 공부했기 때문에 한별을 처음 대할 때부터 별로 어색함을 느끼지 않는다. 외모만 보면 선뜻 친해지기 어렵지만, 대화를 나누어 보면 곧 옆집 아저씨처럼 편안해진다. 한별, 수희와 함께 우주여행을 하면서 많은 도움을 준다.

프리드만과 호일

프리드만은 팽창 우주론을 주장하는 학자이고, 호일은 정상 우주론을 주장하는 학자이다. 이들은 우주의 무한성을 놓고 우주 전쟁까지 벌이지만 한별 일행의 중재로 화해하게 된다.

프롤로그

비밀 노트의 첫 장을 넘기다

"여기 있던 내 과학책 누가 손댄 거야. 감히 나, 한별의 과학책
을⋯⋯. 범인을 잡으면 가만두지 않겠어."

한별은 과학을 엄청 좋아한다. 과학책을 거꾸로 들고 읽을 수 있
을 정도다. TV도 예능 프로그램은 절대 보지 않는다.

"예능 프로그램은 과학적이지 않아. 우주를 상대할 위대한 나에
게 연예인들은 시시해."

한별이 가장 좋아하는 책은 『과학자가 들려주는 과학 이야기』다.
한별의 꿈은 과학자 중에서도 우주 과학자가 되는 것이다.

"우주가 얼마나 넓은데! 학교 운동장은 상대가 안 돼."

그래서 우주 탐험을 해 보고 싶어 한다. 그런데 한별의 꿈에 태클

을 거는 녀석이 있다. 그 녀석은 사람이 아니다. 수학이라는 과목인 데……. 물론 수학은 대부분 학생들의 적이다. 피부색, 성별 등에 관계없이 대부분의 학생들이 수학을 싫어한다. 과학자를 꿈꾸는 한별도 수학과는 영 친해지지 않는다.

"수학을 싫어해서는 과학자가 되기 힘들지."

과학자이신 아버지가 말씀하셨다.

"내 인생에 태클을 거는 수학이 사라지면 얼마나 좋을까?"

그래서 한별은 수학을 잘하고 또 좋아하는 수희가 부럽다.

수희는 한별과 같은 반 친구다. 얼굴은 뽀얗고 예쁘지만 성격이 장난이 아니다. 그녀의 주먹맛은 매운 떡볶이보다 더 맵다. 하지만 세상은 공평하다. 마치 수학 기호의 '등호'처럼 말이다.

등호란?

'같다.'를 나타내는 수학 기호로, '='로 쓴다.
예를 들어 '$x = 3$'은 'x와 3은 같다.', 'x는 3이다.'라는 뜻이다.

무슨 소리냐고? 수학을 잘하는 수희는 과학을 잘하는 한별을 부러워한다. 하지만 둘은 서로 내색을 하지 않는다. 숙녀와 신사의 자존심이 있거든. 키키.

이런 면에서 수희와 한별은 서로 친하다. 또 친한 이유로는 이 둘 사이에 공통점이 있기 때문인데, 그것은 둘 다 엉뚱한 상상과 실험을 좋아한다는 점이다.

한별은 우산에 프로펠러를 매달아서 할머니 댁 2층에서 뛰어내리다가 다리를 크게 다친 적이 있고, 수희는 수의 기원을 찾으러 간다며 고무 대야를 타고 바다로 나가다가 해안 경비대에 구조되기도 하였다.

속도로 우주의 거리를 구하라!

하여튼 그들은 어디로 튈 줄 모르는 럭비공 같은 친구들이다.

한별 아빠는 과학자다. 인터넷에서도 검색이 될 정도로 유명한 분이다. 물론 한별 엄마 말씀이긴 하지만. 한별 아빠는 정말 과학을 사랑하는 과학자다. 반면에 수희 아빠는 수학 교수다. 그래서 그런지 한별과 수희는 어릴 적부터 과학과 수학을 잘한다. '콩 심은 데콩 나고 팥 심은 데 팥 난다.'라는 말이 맞나 보다. 또 한별이랑 수희는 책을 엄청 읽는다. 아는 만큼 생각하게 되어 있다.

언제부터인지는 모르겠지만 수희와 한별은 엉뚱한 계획을 세우기 시작했다. 아마도 그들이 『우주여행』이라는 책을 읽고서부터인 것 같다.

그들의 원대한 계획은 우주를 직접 보고 오는 것이다. 말하자면 우. 주. 탐. 험!

인터넷 세대인 그들에게 이 지구라는 곳은 너무 빤하다. 게다가 엄마 아빠를 따라 세계 여행도 많이 다녀서 그런지 지구에 대한 관심보다는 아직 그들이 가보지 않은 우주, 광활한 우주에 대한 동경이 더 컸다. 그들은 미지의 세계를 간절히 원한다.

"저 별 뒤에서는 무슨 일이 일어날까? 혹시 문어를 닮은 외국인들이 물총 싸움을 하면서 놀고 있지는 않을까?"

수희와 한별은 약 2년 전부터 세뱃돈과 용돈을 쓰지 않고 모으기

속도로 우주의 거리를 구하라!

시작했다. 우주 탐험 비용, 즉 우주선을 만들 비용이다.

그들은 생각했다.

'꼭 돈이 많다고 우주선을 만들 수 있는 것이 아니다. 열정, 꿈, 도전 의식만 있으면 적은 비용으로도 충분히 우주선을 만들 수 있다. 이번 방학 때까지 우주선을 만들어 방학 동안 우주여행을 할 것이다. 방학숙제를 할 시간은 남겨 두고 우주여행을 마치고 돌아와야 한다.'

아이들에게는 항상 시간이 부족한 게 문제다. 할 일이 너무 많다.

그들의 비밀 장부에는 비밀 통장과 비밀 계획표 등이 있다. 아마 그 계획표를 본다면 엉뚱하지만 뛰어나고 치밀한 계획에 놀랄 것이다.

그들은 그렇게 우주 탐험을 준비하고 있었다.

한별이 달력에 빨간 표시를 한 날이 점점 다가오고, 그들의 얼굴도 점점 기쁨의 미소로 달아올랐다. 오늘은 수희를 만나기로 한 날이다.

수희는 오늘 엄마 몰래 학원가는 것을 포기하고 시립 도서관의 뜰에서 한별을 보기로 했다. 한별 역시 태권도 학원 차를 타지 않고 시립 도서관으로 향한다.

수희와 한별의 뒤통수가 보인다. 머리를 맞대고 무언가를 하고 있다. 쑥덕쑥덕. 그간 준비한 비밀 장부를 수희에게 보여 주는 한별,

표정이 정말 진지하다.

　떨리는 손으로 수희는 한별의 비밀 장부, 아니 그들의 비밀 노트의 첫 장을 넘긴다.

1 지구를 탈출하자

"수희야, 너 치올코프스키라고 아니?"

"치올코프스키? 치열하게 스키 타면 아주 신나? 호호."

한별은 어이가 없다.

"뭐라고? 치올코프스키(K.E. Tsiolkovsky, 1857~1935년)는 러시아의 항공 기술자이면서 로켓 공학의 기술자야."

치올코프스키가 우주 비행은 반드시 실현 가능하다고 말하자 많은 사람들은 그를 정신병자 취급했다. 당시에는 그랬다. 하지만 누군가 해내면 공상은 과학이 되는 거다.

한별은 주위를 둘러보며 귓속말로 말한다.

"우리의 비밀 계획도 지금 사람들이 보면 그렇게 말할지도 몰라.

치올코프스키

미쳤다고."

한별이 치올코프스키에 대해 이야기를 더 해 준다.

"우주여행 기초 연구의 선구자로 알려져 있어. 원래 치올코프스키는 수학 교사였거든. 그런데 독학으로 항공기 로켓을 연구하여 액체 수소, 액체 산소와 같은 액체 연료를 사용하는 로켓을 최초로 설계함으로써 ⭐ 다단식 로켓에 의한 우주여행의 가능성을 증명하였지."

처음에는 수학 교사였다는 말에 수희의 눈이 반짝거린다.

"사람들은 누군가 해내기 전까지는 믿지 못하는 경향이 있지. 우리도 꼭 해내자."

모든 일은 열정과 노력이 있으면 이루어진다는 말이 사실이라고 생각하는 수희다.

⭐ **다단식 로켓**
로켓의 기체(몸체)를 몇 부분으로 나누고, 연료를 소비하여 필요 없게 된 부분은 차례로 분리해 나가는 방식의 로켓

열정과 노력!

로켓 사용과 다단계 방식 이론은 우주 비행을 가능케 하는 결정적인 이론이다. 수학으로 보면 방정식의 발견에 비유할 수 있다.

수희는 한별이 방정식에 대해 궁금해할까 봐 미리 알려 준다. 사

속도로 우주의 거리를 구하라!

실 한별은 방정식에 대해 알고 싶어 하지 않는다.

방정식이란?
변수 (x, y)를 포함하는 등식에서, 변수의 값에 따라 참 또는 거짓이 되는 식

"말이 좀 어렵지?"

수희는 치올코프스키처럼 다단계 방식으로 천천히 설명한다.

변수는 수학에서 문자 x, y 같은 것이다. 이곳에는 수를 마음 내키는 대로 넣어서 계산할 수 있다. 하지만 그 계산 결과가 옳은지 틀린지를 알려고 하면 또 하나의 장치인 등호(=)를 잘 알아야 한다. 등호가 있는 식을 '등식'이라고 줄여서 말할 수 있다.

"자, 이제 정리해 줄게. x와 y에 어떤 수를 넣어서 등호가 맞으면 '참', 틀리면 '거짓'이 되는 식을 '방정식'이라고 불러."

갸우뚱거리는 한별을 위해 수희는 식으로 보여 준다.

$$x + y = 4$$

$$x = 1, \ y = 2 \Rrightarrow 1 + 2 = 4 \Rightarrow 거짓$$

$$x = 1, y = 3 \Rrightarrow 1 + 3 = 4 \Rightarrow 참$$

x와 y에 어떤 수를 넣어서 등호가 맞으면 참,
틀리면 거짓이 되는 식을 방정식이라고 불러.

x가 1이고 y가 2라고 한다면 x와 y 대신에 1과 2를 넣어 계산해
본다.

$$1 + 2 = 4$$

1+2는 3이므로 이 식은 '거짓'이 된다.

그럼 이 식을 '참'이 되게 만들어 보자.

x에 1을 넣고 싶으면 y에는 반드시 3을 넣어야 한다. 그러면
1+3=4로 등호 왼쪽의 결과와 오른쪽이 같게 되어 식은 만족하게

속도로 우주의 거리를 구하라!

된다.

또 x에 2를 넣고 싶으면 y에는 반드시 2를 넣어야 한다. 2+2는 4니까.

이런 수식을 수학에서는 방정식이라고 부른다. 꼭 문자가 두 개일 필요는 없다.

"수학은 '만족'이라는 말을 아주아주 좋아해."

수희는 자신의 설명이 마음에 든다. 멍하니 서 있는 한별은 아랑곳하지 않은 채.

이번에는 한별이 말한다.

"지금까지 쏘아 올린 그 어떠한 우주선도 로켓 방식과 다단계 방식을 사용하지 않은 것이 없어."

나중에 알게 되겠지만 다단계 방식은 상당히 중요하게 쓰인다. 지구를 탈출하기 위해서는……

그렇다. 한별과 수희는 지금 지구를 탈출할 계획을 세우고 있는 것이다. 그것도 아무도 모르게.

"수희야, 기존의 비행기로는 왜 지구를 탈출하여 우주로 나갈 수 없는지 알고 있니?"

"비행기로는 우주로 나갈 수 없어? 왜? 비행기 빠르잖아."

수희로서는 비행기로 지구를 탈출할 수 없다는 말이 이해가 가지 않는다. 지구에서 가장 빠른 것은 비행기다.

"지구 ★ 중력 때문에 기존의 비행기로는 지구를 벗어날 수 없어."

"중력? 중력이 뭔데?"

"중력은 지구가 물체를 끌어당기는 힘이야."

"지구가 물체를 끌어당긴다고?"

수희는 갑자기 지구가 물체를 삼키는 무서운 생물처럼 느껴진다.

'내가 가지고 있는 빗도 지구가 나 몰래 끌어당겨 가져가는 것 아닐까?'

산 지 얼마 안 되고 아끼는 빗인데 말이다.

무서워하는 수희의 마음을 짐작한 한별은 중력에 대해 자세히 말해 주기로 한다.

한별이 야구공을 위로 던지니 야구공은 다시 땅으로 떨어진다.

"위로 올라간 야구공은 왜 다시 땅으로 떨어질까?"

"야구공은 위로 던진 힘에 의해 올라갔으니까 힘이 다 없어지면 다시 아래로 떨어지는 거겠지."

수희는 중력을 믿지 않는 눈치다.

"그럼 사과가 사과나무에서 떨어지는 이유는? 사과는 가만히 두었는데도 왜 저절로 땅에 떨어질까? 힘껏 던진 공이 계속 위로 날

혹시 지구가 내 빗을 끌어당겨
가져가는 거 아닐까?

내놔!

아가지 않고 떨어지는 것이나 사과가 땅에 떨어지는 것은, 지구가
공과 사과를 끌어당기고 있기 때문이야. 이 힘을 중력이라고 해."

이 말을 들은 수희는 주머니에 있는 자신의 빗을 지구가 가져가지
못하도록 꽉 쥔다.

"이런 지구의 중력이 비행기가 우주로 나아가는 것을 방해하는
거지."

"호, 지구 반대편 사람들이 떨어지지 않는 것도 중력 때문이구나.
과학 쌤의 말이 이제야 이해가 되네."

한별의 말에 따르면 우주 비행을 하려면 중력과는 반대로 날아올
라야 한다. 그리고 중력을 이기고 솟구치려면 속도가 빨라야 한다.

25

그런데 비행기는 중력을 이길 만큼 속도가 빠르지 못해서 우주로 나아가지 못한다는 것이다.

속도라는 말에 수학을 잘하는 수희의 머리에 공식 하나가 퍼뜩 떠오른다.

'거리는 속도 곱하기 시간'이라는 공식이다. 이 공식은 중학생이 되면 자주 쓰는 공식이다.

이 공식을 정리하지 않고 지나갈 수 없다. 물론 수학을 싫어하는 한별은 좋아하지 않겠지만, 과학자가 되기 위해서는 어쩔 수 없다. 수희의 설명을 들을 수밖에…….

$$거리 = 속도 \times 시간, \quad 시간 = \frac{거리}{속도}, \quad 속도 = \frac{거리}{시간}$$

이렇게 세 가지의 공식으로 나올 수 있는 이유는 방정식에서 등식의 성질이 살아 있기 때문이다. 등식의 성질이 살아 있다는 뜻은 만약 시간에 대해서 식을 세운다면 시간 옆에 곱게 곱해져 있는 속도를 거리라는 말에 데려가서 살짝 나누어 주면 된다. **이것은 양변을 같은 수로 나누어도 등식은 성립하기 때문이다.** 즉 양변을 속도로 나누어 주면 '$\frac{거리}{속도} = \frac{속도 \times 시간}{속도}$'에서 '$\frac{거리}{속도} = 시간$'이 된다.

속도로 우주의 거리를 구하라!

　그리고 속도에 대해 알고 싶다면 역시 속도 옆에서 시간을 죽이면
서 곱해져 있는 시간을 거리 밑 분모에 데려가서 나누어 주면 된다.
　"방정식이란 등식의 성질을 만나서 얼마든지 변신할 수 있어. 방정식은 변신의 천재라고 볼 수 있지. 포켓몬스터만 변신을 하는 것이 아니라고."

수희의 엉뚱한 표현이지만 틀린 표현은 아니다.

한별 역시 훌륭한 과학자가 되기 위해 위 공식을 잘 알아 두기로 결심한다.

"비행기의 속도를 높이면 우주로 날아갈 수 있어. 중력을 이길 수 있는 가공할 만한 속도 말이야."

"아, 중력을 이기지 못해서 비행기가 우주로는 날아가지 못하는구나. 중력 너 나빴어! 호호."

수희가 중력을 인정하자 한별은 신나서 설명을 계속한다.

"그래. 우주로 날아가는 속도를 '우주 속도'라고 불러. 우주 속도는 굉장히 빠른 속도야."

우주 속도에는 제1우주 속도와 제2우주 속도, 그리고 제3우주 속도가 있다.

우주 속도

- 제1우주 속도 : 인공위성을 지구 상공에 띄워 올리는 속도
- 제2우주 속도 : 지구를 탈출해서 달에 갈 수 있는 속도
- 제3우주 속도 : 태양계를 벗어나서 다른 별로 이동해 갈 수 있는 속도

속도로 우주의 거리를 구하라!

　한우만 등급이 있는 것이 아니다. 우주의 속도 역시 이처럼 등급 별로 나눌 수 있는데, 그 기준은 속도의 빠르기다.

　이 가운데 가장 느린 것이 제1우주 속도이고, 그다음이 제2우주 속도, 가장 빠른 것은 제3우주 속도이다.

　"이것을 식으로 표현하면 다음과 같다."

$$(\text{제1우주 속도}) < (\text{제2우주 속도}) < (\text{제3우주 속도})$$

수희는 기호 <를 사용하여 식으로 표현한다. 수학에서는 기호 <를 '부등호'라고 부른다. **부등호는 크기의 대소 관계를 나타내는 기호로, 큰 쪽으로 마치 입을 벌린 듯한 모습이다.**

수식을 예로 들어 볼까?

$$5 < 9$$

'5는 9보다 작다.' 또는 다른 표현으로 '9는 5보다 크다.'

수희가 종이비행기를 접어 날리며 말한다.

"나 아빠랑 비행기 많이 타 봤는데, 엄청 빨라. 시간당 900km로 날 수 있다고. 그런데 중력을 이기지 못한다는 것이 이해가 안 돼."

수희 말에 따르면 시간당 900km란 1시간에 900km를 간다는 뜻이다. 그럼 2시간이면 900km의 2배인 1,800km를 갈 수 있다.

우주 속도를 모르는 수희에게는 당연히 시간당 900km가 엄청 빠른 속도일 수밖에 없다. 하지만 제1우주 속도와 비교하면 그 정도는 속도가 아니다. 제1우주 속도는 약 초당 7.9km로, 이것은 1시간에 $7.9 \times 60 \times 60 = 28,440$km를 갈 수 있는 속도이다. 또 제3우주 속도는 약 초당 11.2km로, 이것은 1시간에 $11.2 \times 60 \times 60 = 40,320$km

속도로 우주의 거리를 구하라!

를 갈 수 있는 속도이다.

속도는 상대적인 것이니까. 달팽이에게 거북의 속도는 마치 빛의 속도나 마찬가지다.

"비행기의 속도보다 몇십 배나 빨라야 우주로 나갈 수 있는 거야."

어떻게 하면 가능해질까?

그리고 우주로 나가려면 또 다른 조건이 하나 더 있다고 한별은 이야기한다. 비행기는 땅바닥과 거의 평행으로 날아가지만 우주로

가려고 하면 물체가 수직으로 날아야 한다. 여기서 수희에게 낯익은 말이 나온다. 평행과 수직!

수학을 잘하는 수희는 자신이 싫어했던 과학에서 평행과 수직이라니 마치 보물을 발견한 것과 같은 기분이 들었다. 그러니 설명하지 않고 지나칠 수 없겠지.

평행이란?

한 평면 위의 두 직선이 서로 만나지 않거나 두 평면이 서로 만나지 않을 때를 말한다.

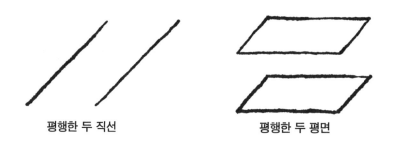

평행한 두 직선   평행한 두 평면

"수학적으로만 풀이하니 어렵지?"

수희는 자신의 팔을 앞으로 나란히 하며 두 팔의 상태가 평행이라고 한다. 옆에 있던 한별 역시 〈기찻길 옆 오막살이〉 노래를 부르더니 "기찻길 역시 평행이지." 하며 자신의 지식을 뽐낸다. 그

속도로 우주의 거리를 구하라!

래, 수학은 그렇게 일상생활과 연관지어 생각하면 아주 쉬워질 수
도 있다.

이제 수직에 대해 알아보자.

수직이란?
직선과 직선, 면과 면, 평면과 직선이 직각을 이루고 있는 상태를 수직이
라고 한다.

역시 수학은 말로만 설명하면 굉장히 어려워진다. 한별이 그림을
그리기 시작한다.

그림을 보니 수직의 상태가 대충 이해가 된다. 직각과 수직은 90도

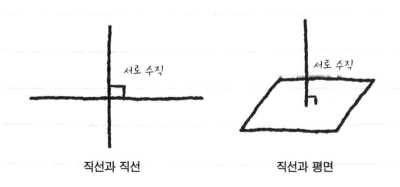

직선과 직선   직선과 평면

라는 각도와 연관이 있다.

이제 다시 한별의 설명이 계속된다. 우주로 나가려면 수직으로 높이 날아서 지구 중력을 벗어나야 하며, 평행한 상태로 날아서는 그걸 이루기가 결코 쉽지 않다. 즉 **우주로 나가려면 지구 중력을 이겨내야 하고, 또 수직으로 날아야 한다.** 이 두 가지를 만족해야 우주로 나갈 수 있다.

그러기 위해서는 비행기로는 낼 수 없는 우주 속도가 필요하다. 우주 속도를 내려면 우주선에 고성능의 엔진과 엄청난 연료가 있어야 한다. 그만큼 힘이 필요한 것이다.

"엄청난 연료?"

수희는 연료라는 말에 얼마만큼의 연료가 필요한지 궁금하다. 한별은 로켓의 거의 대부분은 연료통이라고 말한다.

"그 큰 우주선에서 실제 우주선은 아주 작아. 나머지는 다 연료통이야."

수희는 한별의 배를 쿡 찌르며

"이것도 연료통이냐?"

라며 시시덕거린다.

한별은 화를 누르고 로켓의 추진력에는 과학의 '작용과 반작용' 원리가 적용된다고 설명한다.

"작용과 반작용? 어디서 많이 들어 본 소린데?"

속도로 우주의 거리를 구하라!

한별은 백과사전을 줄줄 읽어내리듯 작용과 반작용을 설명한다.

작용과 반작용 법칙

물체 A가 물체 B에게 힘을 가하면(작용) 물체 B 역시 물체 A에게 똑같은
크기의 힘을 가한다(반작용)는 것이다. 이때 물체 A가 물체 B에 주는 작용
과 물체 B가 A에 주는 반작용은 크기가 같고 방향은 반대이다. 예를 들어
총을 쏘면 총이 뒤로 밀리거나 건너편 언덕을 막대기로 밀면 언덕도 막대
기를 밀어 배가 강가에서 멀어지는 것 등이 작용과 반작용이다.

수희가 한별을 쳐다보자 한별의 손에는 풍선이 하나 들려 있다.
한별은 풍선을 불기 시작하더니 풍선의 입구를 잠시 손으로 막으며
말한다.

"내가 이 풍선으로 '작용과 반작용'을 설명해 줄게. 눈 감지 말고
잘 봐. 터뜨리려는 것은 아니니까."

풍선이 터질듯하게 팽팽해지자 한별은 풍선 끝을 꼭 쥐고 있던 손가락을 뗀다. 그러자 풍선은 '쉬이익' 소리를 내며 이리저리 빠른 속도로 날아다니다 수희의 뺨에 착 달라붙는다.

"하하하, 이게 바로 작용과 반작용의 원리야. 풍선에서 바람이 빠지는 것을 '작용'이라고 하면 그 힘으로 풍선이 날아가는 것을 '반작용'이라고 보면 된다."

속도로 우주의 거리를 구하라!

풍선을 뺨에 맞고 가만히 있을 수희가 아니다. 바로 한별의 복부에 응징을 가하는 수희.

"윽!"

이렇듯 우주선의 발사에도 작용과 반작용의 원리가 적용된다.

"반작용의 힘으로 우주선은 위로 솟구치게 되는 거야."

한별은 우주선이 발사되는 것처럼 폴짝 뛰어 보인다.

"그런데 너 최초로 달에 착륙한 우주선 아폴로 11호의 몸체가 100m도 넘는다는 거 알아?"

"뭐, 100m나? 우와, 굉장하다."

수희는 수학적으로 계산을 한다.

"그럼 30~40층 아파트와 같은 높이잖아."

수희의 계산 능력은 알아주어야 한다. 잠깐 사이 계산으로 적절한 비유를 찾아내다니.

지기 싫어하는 한별은 수희에게 물어본다.

"그렇다면 1단, 2단, 3단 로켓을 우주선에 매단 이유는 무엇일까?"

수희는 웃으며 대답한다.

"엄청난 연료를 싣기 위해서겠지!"

수희의 수학적 ★ 직관은 대단하다. 속으로 뜨끔한 한별은 더욱 어려운 질문을 한다.

★ 직관
경험·판단·추리 등으로 대상에 대하여 생각하지 않고 대상을 직접적으로 파악하는 작용

"맞아. 그런데 왜 굳이 3단짜리 로켓을 만드는지 이유를 말해 봐."

몰라서 끙끙대는 수희에게 한별은 뻐기듯이 설명을 해 준다.

우주선은 엄청난 연료가 필요하다. 따라서 금속으로 만든 연료통 역시 크기도 엄청나고, 그 무게도 굉장하다. 큰 문제가 아닐 수 없다. 그래서 치올코프스키는 3단짜리 로켓을 만든 것이다.

우주선이 하늘로 오를수록 연료통은 차츰차츰 비워진다. 하지만 빈 연료통의 무게도 만만한 것이 아니다. 쓸모없는 빈 연료통을 끌고 다니느라 연료가 낭비될 수 있다. 이것을 막기 위해 **연료통을 3단으로 만들어 비워진 연료통을 중간중간에 떼 버림으로써 무게를 줄이는 것이다.** 치올코프스키는 그만큼 수학적으로 치밀한 계산을 한 것이다.

"수학의 효율성을 과학에 적용시킨 사례지. 수학과 과학은 친구다."

그 말에 수희 역시 공감한다는 뜻으로 어깨를 으쓱한다.

현재까지의 우주 기술로는 3단 연료통을 사용하는 것이 가장 효율적인 방법이다. 3단 로켓의 연료가 다 탈 즈음이면, 우주선은 어느덧 우주 공간으로 접어들게 된다. 3단보다는 4단이 낫다는 것을 설명하기는 한별의 과학 실력이 조금 모자란다.

"야, 이론은 집어치우고. 그나저나 우리의 꿈을 실현해 줄 우주선은 있는 거니?"

비워진 연료통을
떼 버림으로써 무게를 줄여.

이때 한별이 열쇠 하나를 수희 앞에 쑥 내밀며 말한다.

"자, 이제 나랑 갈 곳이 있어."

약간 두려운 마음이 있지만 수희는 한별을 믿고 따라나선다. 도서관 뒤편에 있는 한별의 '오토전거'를 탄다. 오토전거? 아, 이것은 한별이 발명한 탈것으로, 오토바이와 자전거를 합성하여 만든 것이다. 아주 안전한, 오토바이의 친동생뻘이다.

속도는 빠르지만 엄청난 매연이 나와 오토전거가 지나가면 주위는 온통 먹구름으로 싸인다. 만약 오토전거가 달리는 것을 환경 단체 사람들이 본다면 당장 고소를 당할 것이다.

오토전거가 도착한 곳은 한별의 아빠가 옛날에 사용했던, 현재는 쓰지 않는 연구소다. 지금은 주변에 풀이 자라서 폐허처럼 보이지만, 옛날에는 미국의 ⊛ NASA에서 나사를 빌리러 올 정도로 유명한 곳이었다. 하여튼 지금은 한별의 아빠도 쓰지 않는 장소다.

⊛ NASA
미국 항공 우주국. 1958년에 설립되었다. 비군사적인 우주 개발을 모두 관할하고, 종합적인 우주 계획을 추진한다.

수희가 창고 같은 연구소 문을 열자 좀 어색하지만 우주선이 하나 놓여 있다. 분명히 3단짜리 로켓이다.

수희는 막상 우주선을 보자 정말 이 우주선으로 우주에 갈 수 있을까 싶어 덜컥 겁이 난다. 이런 수희의 마음을 아는지 한별이 믿음직한 친구를 하나 소개한다.

"외깨인 아저씨, 나오세요."

우주선 뒤에 몸을 숨기고 있던 외깨인이 고개를 내민다.

"까꿍!"

외깨인이라는 외계인의 등장에 깜짝 놀라는 수희.

"정말 외계인이니, 한별아?"

"응, '외깨인'이라는 외계인이셔."

속도로 우주의 거리를 구하라!

1. 지구를 탈출하자

보통 외계인은 지구에 불시착으로 온다. 그런데 외깨인은 불시착으로 온 것이 아니라 한별이 꾸준히 외계에 보낸 신호를 받고 한별의 우주여행을 돕기 위해 온 것이다.

속도로 우주의 거리를 구하라!

이름은 외깨인, 앞으로 한별과 수희의 우주여행을 돕게 될 것이다. 수희는 외깨인을 처음 보는데도 웬일인지 낯설지가 않다.

"좋아, 우리 삼총사가 되어 저 우주선을 타고 우주여행을 떠나보자."

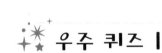

우 주 퀴 즈 ㅣ

지구가 둥근데 지구 반대편의 사람은 왜 떨어지지 않나요?

우주인이 되려면

인류 최초로 우주를 비행한 사람이 누구인지 아세요? 그 사람은 바로 소련의 우주 비행사인 유리 가가린(Yuri Gagarin, 1934~1968년)이랍니다.

유리 가가린은 1961년 4월 12일 보스토크 1호를 타고 인류 최초로 지구 궤도를 도는 우주 비행을 했어요. 그는 1시간 29분 동안 지구 상공을 한 바퀴 돌았는데, "지구는 푸른빛이었다."라는 유명한 말을 남겼어요.

유리 가가린처럼 우주 비행을 위하여 특수 훈련을 받은 비행사를 '우주인'

이라고 해요. 우리나라 최초의 우주인은 이소연 박사로, 2008년 러시아 소유스 TMA-11호에 탑승하여 우주 비행을 했어요. 무려 18,000대 1의 경쟁을 뚫고 우리나라 최초의 우주인이 되었지요.

어떻게 하면 우주인이 될 수 있을까요? 우주선을 타는 것은 매우 힘든 일이에요. 따라서 우주인이 되려면 건강한 신체와 강인한 정신력을 가지고 있어야 해요. 그래서 우주인은 우주 환경 적응 검사, 폐쇄 공간 적응 훈련, 훈련용 항공기 탑승 평가 등 다양하고 과학적인 여러 단계의 평가를 통과해야 하지요. 또 평가를 통과한 후에도 1년 이상 훈련 기간을 거쳐야 해요.

우주인의 신체검사 기준을 알아볼까요? 여러분도 우주인이 될 수 있는지 한번 점검해 보세요.

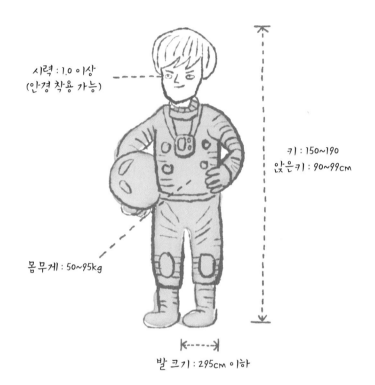

시력 : 1.0 이상
(안경 착용 가능)

키 : 150~190
앉은키 : 90~99cm

몸무게 : 50~95kg

발 크기 : 295cm 이하

또 우주인은 다음과 같은 조건을 만족해야 한답니다.

- 우주 비행에 지장을 줄 수 있는 질병을 겪은 적이 없어야 한다.
- **3.5km** 난숙 마라톤을 **20**분 안에 완수할 수 있어야 한다.
- **10m** 거리의 왕복달리기 2회를 남자는 **11**초, 여자는 **13**초 안에 통과할 수 있어야 한다.
- 윗몸일으키기와 팔굽혀펴기를 2분 안에 **40**회 이상 할 수 있어야 우주인 선발 과정에서 좋은 점수를 얻을 수 있다.

태양계 이야기

2

"적을 알고 나를 알면 백전백승이라."

뜬금없이 외깨인이 이런 말을 꺼낸다.

외깨인은 우주로 나가기 전에 우선 태양계에 대해 알아보자고 한다. 외깨인이 손을 쫙 펼치자 태양계의 모습이 3차원 영상 홀로그램으로 보인다. 역시 외계인이라 기술력이 우수하다. 신기한 장면에 한별의 입이 떡 벌어진다.

"태양은 태양계의 중심이고, 여덟 개의 행성이 그 주위를 돌고 있다."

"행성?"

수희가 한별을 쳐다보며 눈치를 살피자 눈치 빠른 한별이 간단히 설명한다.

2. 태양계 이야기

행성

중심 별의 강한 인력의 영향으로 타원 궤도를 그리며 중심 별의 주위를 도는 천체. 스스로 빛을 내지 못하고, 중심 별의 빛을 받아 반사한다. 태양계에는 수성, 금성, 지구, 화성, 목성, 토성, 천왕성, 해왕성의 여덟 개의 행성이 있다.

태양 주위를 돌고 있는 행성들의 모습이 보인다. 한별과 수희가 그 행성들을 잡으려고 하지만 홀로그램인 화면들이 잡힐 리 없다. 3차원 공간의 영상이 마치 실제 같아 보인다.

이때 수희가 한마디 한다.

"뱅글뱅글 돌고 있는 원들을 보니 원의 둘레인 원주가 생각나네."

"좀 그냥 지나가자."

한별이 투덜댄다.

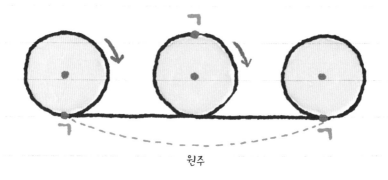

원주

속도로 우주의 거리를 구하라!

원의 둘레는 지름 곱하기 3.14이다. 지름은 반지름 곱하기 2이고……. 지름의 크기에 따라 원의 둘레가 커진다.

$$원주 = 지름 \times 3.14 = 반지름 \times 2 \times 3.14$$

원 모양이 한 바퀴 굴러간 거리는 원의 원주와 같다.

$$(원\ 모양이\ x\ 바퀴\ 굴렀을\ 때\ 움직인\ 거리)$$
$$= (물체가\ 1바퀴\ 굴렀을\ 때\ 움직인\ 거리) \times (바퀴\ 수)$$
$$= (물체의\ 원주) \times x$$

수희의 설명이 끝나자 외깨인이 다시 이야기를 한다.

"여덟 개의 행성은 태양의 ⊛ 만유인력 때문에 태양계 밖으로 도망치지 못하고 그 주위를 빙글빙글 돌고 있다. 태양이 명령했다. 도망가지 말라고……."

공간에서 돌고 있는 행성들의 무습에 한별의 눈도 따라 돌고 있다.

그때 공간의 그림에서 행성들에게 뭔가 부딪쳐 충돌이 일어난다. 깜짝 놀라는 수희. 한별이 수희를 진정시키며

⊛ **만유인력**

질량을 가진 모든 물체 사이에 작용하는 끌어당기는 힘. 그 힘은 두 물체의 질량의 곱에 비례하고 거리의 제곱에 반비례한다. 뉴턴이 발견했다.

설명을 한다.

"태양계에는 행성들만 있는 게 아냐. 태양계에는 '혜성'이라는 게 있는데, 혜성들은 태양계 밖에서 만들어져 태양계 사이를 돌아다녀. 그냥 돌아다니면 좋을 텐데 이놈들이 행성과 한 번씩 박치기를 해서 탈이지."

혜성

빛나는 긴 꼬리를 끌고 태양을 초점으로 하여 포물선이나 타원의 궤도를 도는 천체. 꼬리별이라고도 한다. 혜성의 머리는 불규칙한 모양이며, 크기는 1~10km 정도이다. 얼음, 먼지 등으로 이루어져 있다.

외깨인이 덧붙인다.

"혜성만 있는 것이 아니라 '소행성'도 있다. 그 작은 놈들은 화성과 목성 사이에 화목하게 몰려 있고, 이런 것들 역시 다른 행성들과 충돌하여 운석 구덩이를 만든다."

"정말 복잡하겠네요. 지구도 무사하지 못할 것 같아……."

수희는 별들의 충돌이 정말 걱정되나 보다.

속도로 우주의 거리를 구하라!

한별이 수희를 보며 중얼거리듯 간추려 준다.

소행성

주로 화성과 목성 사이의 궤도에서 태양의 둘레를 공전하는 작은 행성. 단단한 암석 덩어리로서 모양이 불규칙하다. 현재까지 약 십만 개 이상의 소행성이 발견되었으며, 대부분 반지름이 50km 이하이다.

외깨인이 한별의 얼굴에 난 여드름 자국을 보며 묻는다.

"이것도 소행성과 부딪친 자국이냐?"

"아니거든요!"

한별이 씩씩거리며 대답한다.

수희가 공간 자막에 떠 있는 내행성과 외행성이라는 말을 가리키며 무슨 뜻이냐고 묻는다.

"태양계의 여덟 개 행성 중에는 지구보다 안쪽에 있는 것도 있고 바깥쪽에 있는 것도 있다. **지구의 안쪽에서 태양 주위를 도는 행성을 '내행성', 지구 바깥쪽에서 태양 주위를 도는 행성을 '외행성'**이라고 부른다. 내행성은 지구에서 보면 달처럼 모양이 변한다."

외깨인의 설명 중에 한별이 끼어든다.

"수성이나 금성도 모습이 변해. 수성과 금성도 내행성이거든."

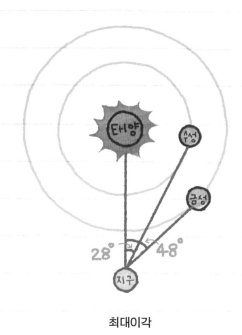

최대이각

내행성의 모습이 변하는 이유는 수학적으로 알아볼 수 있다고 외깨인이 말하자, 수학이라는 말에 수희의 눈이 별처럼 반짝인다.

"태양과 지구와 내행성이 이루는 각이 클 때는 내행성들이 반달처럼 보여. 금성의 최대이각은 약 48°지."

한별이 설명을 덧붙인다.

"최대이각?"

"최대이각이란 지구에서 볼 때 내행성과 태양 사이의 각이 최대로 클 때를 말해."

수희가 어렵다고 하자 한별은 우주여행을 하려면 어렵더라도 이

속도로 우주의 거리를 구하라!

정도는 알아 두는 게 좋다고 말한다.

수희도 질세라 최대이각에서 '각' 자만 떼어 이야기를 한다.

각이란?

각은 한 점에서 그은 두 개의 직선으로 이루어진 도형이다. 각을 읽을 때에는 각의 변 위에 있는 점과 각의 꼭짓점을 연결하여 '각 ㄱㄴㄷ'이라고 하는데, 간단히 '각 ㄴ'이라고도 한다. 또, 각을 나타내는 기호(∠)를 사용해서 ∠ㄱㄴㄷ, ∠ㄴ이라고도 한다.

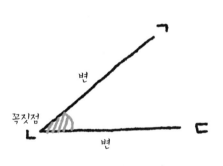

"각이라고 해서 다 뾰족하게 생긴 것은 아냐. 평평한 평각도 있어. 평각의 크기는 180°지."

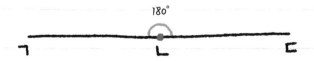

수희가 각에 대해 설명을 늘어놓는 동안 한별과 외깨인은 다정하게 기대어 졸고 있다.

"까악!"

수희의 고함에 놀라서 깨는 한별과 외깨인.

외깨인은 태양에서 행성까지의 거리에 대해 이야기하려고 한다. 그러자 한별이 말한다.

"태양에서 각각의 행성까지의 거리를 알기 전에 '천문단위'에 대해 알아야 해요."

"에이 휴……."

다시 과학 이야기가 나오자 수희가 한숨을 쉰다. 한별은 깜짝 놀란다. 과학을 잘 못한다던 수희가 천문단위를 정확히 알고 있으니 말이다.

무슨 소리냐고? 한별이 수희의 한숨 소리를 천문단위 '에이유(AU)'로 잘못 들은 거다. 한별이 깜짝 놀랄 만도 하다.

외깨인이 동영상을 펼쳐 보이며 말한다.

"1AU는 지구에서 태양까지의 거리인 1억 5000만km이다."

"음, AU의 기준이 태양과 지구 사이의 거리구나."

수희가 중얼거린다.

"그래서 천문단위를 '태양 거리'라고도 한다."

속도로 우주의 거리를 구하라!

외깨인은 수희의 이해가 반갑다.

"그러면 수희의 과학에 대한 괴로움이 지구에서 태양까지 된다는 말이군."

한별이 놀린다,

외깨인이 한숨 쉬는 수희에게 이제부터 수학이 등장하니 좀 도와 달라고 한다. 수학이 등장한다는 말에 수희의 얼굴에 화색이 돈다. 언제나 수학에는 관심을 보이는 수희다.

외깨인이 공간에다 다음과 같은 수를 쓴다. 유리 공간 같은 곳에 글씨를 쓰면 글씨들이 공중에 떠 있는 듯하다.

0, 3, 6, 12, 24, 48, (   )

"수희야, 0을 제외하고 어떠한 규칙이 보이니? (   ) 안에 쓸 수 있는 수가 뭘까?"

수학의 등장에 이번에는 한별이 1AU짜리 한숨을 쉰다. 수학의 길도 우주처럼 멀고 광활하다고 느끼며……

수희의 대답은 명쾌하다.

"맨 처음 나온 숫자인 0을 제외하고 앞의 숫자에 2를 곱하면 됩니다. 그래서 괄호 안에 들어갈 수는? 48×2=96."

역시 수희의 수학 능력이 뛰어나다는 것을 인정한 외깨인은 다음과 같은 수를 쭉 쓴다.

0, 3, 6, 12, 24, 48, 96, 192, 384

"어이, 한별아. 한숨만 쉬지 말고 다음 계산을 해 봐."

"엉, 제가요?"

"음, 네가!"

속도로 우주의 거리를 구하라!

한별의 등에 식은땀이 줄줄 흐른다.

"쫄지 마. 외계인인 나도 쫄면은 좋아한단다. 네가 쫄면 내가 '아이고, 맛있는 쫄면' 하면서 먹을지도 몰라. 하하하하. 네가 할 것은 쉬운 거야."

외깨인이 한별에게 시킨 것은 위에 주어진 수에 4를 더하는 것이었다.

"휴……."

안도의 한숨과 함께 한별이 계산한다.

0, 3, 6, 12, 24, 48, 96, 192, 384

에 각각 +4를 하면

4, 7, 10, 16, 28, 52, 100, 196, 388

"한별아, 여기서 끝이 아니다. 큭큭. 다시 주어진 수를 각각 10으로 나눠 봐!"

한별의 표정이 다시 우거지상이 된다.

0.4, 0.7, 1.0, 1.6, 2.8, 5.2, 10.0, 19.6, 38.8

한별이 싫어하는 소수의 등장이다. 하지만 수희는 수학이 나와서 너무 행복해한다. 같은 것을 보고도 어떤 이는 괴로워하고 어떤 이는 행복해하다니. 그래서 세상은 복잡한 것이다.

원의 계산에 쓰이는 소수 3.14 때문에 많이 힘들었던 한별은 소수를 무척 싫어한다. 하지만 과학자가 되려면 소수 계산도 능숙하게 해야 한다며 수희가 한별을 격려한다.

외깨인은 상자에서 태양을 꺼내고 지구도 꺼내어 공중에 띄운다. 지구와 태양이 자리를 잡는다. 외깨인은 신기한 상자에서 행성들을 자꾸자꾸 끄집어낸다.

"이 상자 어디서 샀어요?"

한별이 물어본다.

외깨인은 한별의 말을 무시하고 수성, 금성, 지구, 화성, 소행성대, 목성, 토성, 천왕성, 해왕성까지 태양 주변에 있는 별들의 모형을 다 끄집어냈다.

"태양으로부터 각 행성까지의 거리를 AU로 나타내 보자."

일단 외깨인이 태양과 수성까지의 거리에 0.4AU라고 붙인다. 그러자 수희가 뭔가를 알아채고 금성까지의 거리에 0.7AU라는 수를 붙인다. 외깨인이 그다음에 지구까지의 거리에 1.0AU라고 붙이자 수희는 화성까지의 거리에 1.6AU라고 붙인다. 드디어 한별도 감을 잡았다.

속도로 우주의 거리를 구하라!

0.4, 0.7, 1.0, 1.6, 2.8, 5.2, 10.0, 19.6, 38.8

0.4, 0.7, 1.0, 1.6 다음에 2.8이라는 것을 알아채고 한별이 2.8AU를 뚝 떼어 소행성대까지의 거리에 붙인다. 떼고 붙이는 것이 과학이라고 생각하니 참 쉽다. 모든 과학이 이렇게 쉬우면 얼마나 좋을까?

목성까지의 거리는 5.2AU, 토성까지의 거리는 10.0AU, 천왕성까지의 거리는 19.6AU, 해왕성까지의 거리는 38.8AU이다.

외깨인이 한별을 한번 쳐다보고는 바로 수희에게 물어본다.

"수희야. 이 수들에게서 뭔가 규칙성이 보이지 않니?"

"네, 곱하기 2 해서 더하기 4 한 다음에 나누기 10을 한 규칙성을 가지고 있어요."

"그래, 태양에서 각 행성까지의 거리는 일정한 규칙성을 가지고 있는데, 이것을 뭐라고 하는지 아니, 한별아?"

과학에 대해서는 한별에게 물어본다.

한별이 이제 자신의 실력을 발휘할 때다.

"보데의 법칙!"

"대단한데? 한별!"

해왕성까지의 거리는 30.1AU로 규칙성에 어긋나지만, 보데(J. E. Bode, 1747~1826년)의 발견은 대단한 것이었다.

외깨인은 우주로 나가기 전에 태양계에 대해서 조금 더 공부하기로 한다.

"한별아, 이제 수학 공부 좀 해 볼까?"

외깨인은 누글누글한 표정을 짓는다. 당연히 한별이 수학을 못한다는 것을 알고 있는 외깨인이다. 반면에 수희는 바로 반응을 보인다.

"첫 번째로 수성에 대한 공부!"

외깨인은 화면에 수성의 모습을 띄운다.

수성

"한별아, 수성의 지름은 지구의 0.38배이다. 그럼 누가 크다는 뜻이지?"

갑자기 수성 이야기에서 수학이 등장하니 한별이 뒷걸음질친다.

이때 수희가 나선다.

"내가 말할게. 지구의 지름 크기를 100이라고 하면 수성의 지름 크기가 38이라는 뜻이지요."

$$\frac{38}{100}$$ ← 수성의 지름
← 지구를 100이라고 하면

수성의 지름이 지구의 지름에 대해 상대적으로 작다는 뜻이다.

수희가 지름에 대하여 설명해 준다.

"지름은 원의 중심을 지나는 선분이야. 원의 지름은 원을 반으로 나누지. 원을 지름으로 접으면 두 개가 하나로 포개져."

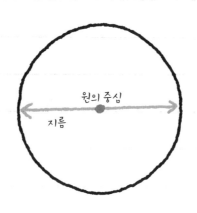

그때 한별은 배가 고픈지 원을 보며 만두피를 생각한다. 이런······.

"수희가 수학은 제법이구나."

외깨인은 아주 흡족한 표정을 지으며 수성에 대한 정보를 쭉 나열한다.

속도로 우주의 거리를 구하라!

- 수성의 지름 : 지구의 0.38배
- 수성의 질량 : 지구의 0.55배
- 수성의 중력 : 지구에서의 1kg은 수성에서 380g, 1kg은 1,000g

어느 정도 수학과 관련된 설명이 끝나자 한별이 말한다.

"수성은 태양에서 가장 가까운 행성이야. 태양과 가까운 거리에 있기 때문에 펄펄 끓는 행성이지. 1년은 약 88일이고."

"그렇다. 수성의 낮 온도는 430℃까지 올라가고, 반면 밤에는 반대로 대기가 없어 영하 180℃까지 내려간다."

"우와, 밤에는 영하 180℃로 변하는구나. 수성의 돌변이 무서워."

수희가 정말 무서운 듯한 표정으로 말한다.

외깨인이 한별의 이마에 난 여드름을 보며 말한다.

"수성의 표면은 울퉁불퉁하고 단단한 암석으로 덮여 있다. 달처럼 마마자국 투성이란다."

한별이 황급히 머리카락으로 이마를 가리자 수희가 호호 웃는다.

"이제 금성에 대한 이야기를 좀 해 볼까?"

"금성은 우리 눈에 가장 밝게 보이는 행성이지요."

그러자 수희가 한별의 얼굴에 자신의 눈을 들이밀며 말한다.

"내 눈처럼 말이니?"

"말도 안 되는 소리 하지 마!"

한별이 소리친다. 이제 수희가 나설 차례다.

- 금성의 지름 : 지구의 0.95배

- 금성의 질량 : 지구의 0.81배

- 금성의 중력 : 지구에서의 1kg은 금성에서 910g

"음, 0.95배면 거의 지구와 크기가 같구나."

"그걸 어떻게 알 수 있어?"

한별이 묻자 수희가 수학적으로 보여 준다.

"0.95배라는 것은 95 : 100이라고 보면 되거든."

"누가 100인데?"

"물론 여기서는 지구를 100으로 보았지."

"그럼, 금성의 크기가 95라는 소리네."

이제야 한별이 감을 잡은 듯하다.

외깨인이 설명을 덧붙인다.

"그렇지. 비례식으로 나타내보면 95 : 100이고, 이것을 다시 분수로 고치면 $\frac{95}{100}$, $\frac{95}{100}$를 소수로 고치면 0.95가 된다."

외깨인이 금성의 화면을 입체적으로 띄운다. 한별이 금성 옆에서

음, 0.95배면 거의 지구와 크기가 같구나.
0.95배라는 것은 95 : 100이라고 보면 되거든.

100

95

금성   지구

기념사진 찍듯이 폼을 잡는다.

외깨인이 띄운 화면을 보니 지구와 ★ 자전
방향이 반대다. 지구는 서에서 동으로 자전하
고, 금성은 동에서 서로 자전한다.

"하별아, 금성 하늘의 구름을 본 적 있니?"

"아니요."

"지구의 구름 색깔은?"

"흰색이죠."

★ 자전
천체가 스스로 고
정된 축을 중심으
로 회전하는 것 또
는 그런 운동

금성

"맞다. 그런데 한별이 며칠 동안 굶고 구름을 본다면 색깔이 어떨까?"

"아마도 배가 고파서 구름이 노랗게 보이겠죠?"

"하하하. 바로 그 색깔이다. 금성의 구름 색깔은 노랗단다."

지구의 구름은 수증기로 이루어져 있어 하얗지만, 금성의 구름은 진한 황산으로 이루어져 있어 노랗단다.

수희가 아름다운 지구에 대해서는 공부 안 하냐고 항의하자, 외깨인은 안 그래도 하려고 했다고 말하며 지구를 화면에 띄운다.

속도로 우주의 거리를 구하라!

지구

- 지구의 나이 : 46억 살
- 지구의 질량 : 약 6,000,000,000,000,000,000,000,000kg

"으악, 수학 잘하는 수희야. 이 긴 문장을 짧게 나타내 줘, 제발."

수학은 이런 긴 문장을 다음과 같이 짧게 표현할 수 있단다.

"6×10^{24}"

10 위에 쥐벼룩만 하게 동그라미 개수를 써 주면 된다. 그러면 표현이 아주 쉬워진다.

외깨인이 지구를 화면상에서 납작하게 만든다.

"옛날 지구인들은 이렇게 지구가 납작하고 평평하다고 생각했어."

하지만 지구는 분명히 동그란 공 모양이다. 그리고 지구는 ⭐ 대기라는 따뜻한 이불에 덮여 있다.

한별이 사과를 먹으려고 꺼내자 외깨인이 얼른 한별의 사과를 빼앗는다.

"어? 제 사과예요."

"잠깐만, 공부 좀 하고 돌려 줄게."

외깨인이 반으로 사과를 자르자 사과 속이 드러난다.

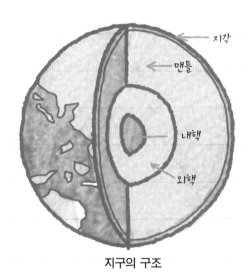

지구의 구조

속도로 우주의 거리를 구하라!

"사과는 껍질과 과육, 씨로 되어 있고, 사과 껍질과 과육, 씨는 각각 성질이 다르다. 이와 같이 **지구의 내부도 성질이 다른 여러 개의 층으로 나누어져 있다.**"

수희가 그 사과를 빼앗아서 한입 베어 먹으며 말한다.

"난 지구를 삼킨 최초의 여성이다."

"그거 내 거야. 사과 내놔!"

외깨인이 이번에는 화성을 화면에 띄운다.

"어! 이 화면은 아닌데요. 이건 수원 화성이잖아요."

수원 화성

외깨인은 자기도 사람인데 실수할 수 있다면서 다시 화성 화면을 띄운다. 하지만 엄밀히 따지면 외깨인은 사람이 아니다. 외계인이다.

화성

화성은 지구와 가장 닮은 행성으로 붉은색이다.

- 화썽의 지름 : 지구의 0.53배
- 화썽의 질량 : 지구의 0.107배
- 화썽의 중력 : 지구에서의 1kg은 화썽에서 380g

속도로 우주의 거리를 구하라!

이제 한별이 외깨인에게 자료를 넘겨받아 낭독을 한다.

"아아. 마이크 테스트. 아아."

"야! 너무 재미있어하는 거 아냐?"

"화성의 흙은 산화철이 많아 붉은색을 띤다. 화성의 하늘은 아주 예뻐. 분홍색이야. 화성의 ⊛ 대기압이 낮아 붉은색을 띠는 흙먼지가 하늘로 치솟기 때문이지."

> **⊛ 대기압**
> 공기 무게에 의해
> 생기는 압력

"화성에는 태양계에서 제일 큰 화산이 있다. 올림포스 몬스라는 산이다. 지구에서 제일 높은 에베레스트 산의 높이가 8,848m인데 올림포스 몬스 산의 높이는 에베레스트 산의 약 3배이다."

"8,848m×3＝26,544m"

암산도 끝내주는 수희다.

화성에는 강물이 흐른 자국이 있다. 이것은 아주 옛날에 화성에 강이 흘렀다는 것을 말해 준다.

"그럼 지금은 강이 없다는 뜻이기도 해. 강이 없으니 물고기도 없겠지. 물고기가 없으니 낚시꾼도 없고……"

외깨인은 말을 많이 해서 목이 칼칼하다며 한별에게 목성에 대해 말하라고 한다. 그러면서 목성의 입체 화면을 띄워 준다.

목성

"태양계에서 가장 큰 행성이 목성이야. 목성은 지구보다 318배나 무겁지."

목성은 완전 뚱뚱보라고 한별은 생각한다. 하지만 그런 말을 크게 하지는 못한다. 행여 목성이 듣기라도 하면 혼날까 봐.

"목성은 수소와 ⭐ 헬륨 기체로 되어 있어."

헬륨? 혹시 그 헬륨? TV를 보다 보면, 출연자들의 목소리가 갑자기 아기같이 변해 웃음을

⭐ 헬륨

공기 중에 아주 적은 분량으로 들어 있는 기체. 무색무취로 다른 원소와 화합하지 않으며, 수소 다음으로 가볍다. 원소 기호 He, 원자 번호 2번

주는 장면이 나온다. 그때 들이마시는 가스가 바로 헬륨이다. 아무리 화가 나도 목성에서 대화를 나누다 보면 화가 다 풀리겠다고 수희는 생각한다.

"목성의 안쪽은 액체 상태이고, 바깥쪽은 기체 상태야."

한별이 설명을 하다가 갑자기 수희를 찾는다. 수학의 등장이다. 수희가 나선다.

- 목성의 지름 : 지구의 11배
- 목성의 질량 : 지구의 318배
- 목성의 중력 : 지구에서의 1kg은 목성에서 254kg

목성에서 발생한 태풍은 그 생명력이 상당히 길다. 지금 보이는 저 태풍은 400년 전에 관측되고 아직 그대로다.

'목성은 태풍이 왜 사라지지 않는 것일까?'

고민하고 있는 한별에게 외깨인이 말해 준다.

"태풍은 따뜻한 바다에서 태어난다. 그리고 위로 올라오다가 단단한 육지랑 만나면 한판 뜨고 사라진다 그런데 목성에는 단단한 육지가 없다. 그래서 목성에서 한 번 발생한 태풍은 여간해서 사라지지 않는다."

"목성에서 태풍이 한 번 발생하면 그 피해가 대단하겠네요."

속도로 우주의 거리를 구하라!

수희는 무서워한다. 하지만 목성에는 사람이 살지 않는다며 한별이 웃는다.

"놀라운 것은 목성에 달이 무려 예순여섯 개나 딸려 있다는 거야. 지구는 달이 달랑 한 개인데 말이지. 그리고 또 하나 재미있는 사실은 목성의 대기는 암모니아가 약간 섞여 있어. 파란색, 흰색, 빨간색 여러 색깔의 구름이 있어 아주 아름답단다."

목성에 대한 설명을 마치려고 하자 수희가 목성에 대한 검색을 하다가 수학적 사실을 발견하였다고 소리친다. 아주 시끄럽네.

"그게 뭔데?"

아주 건조한 목소리로 한별이 물어본다.

"응, 목성은 지구와 반대인 역수의 성질을 가지고 있어."

"뭐, 역수의 성질? 역수가 뭔데?"

"역수란 분수에서 분모와 분자가 바뀌는 것을 말해."

"말로만 하지 말고 보여 줘."

"$\frac{2}{3}$의 역수는 $\frac{3}{2}$. 쉽지?"

"아, 아래 위가 바뀌는 거네."

한별은 간단하게 정리한다.

"그럼 목성의 역수의 성질은 무엇일까?"

수희가 말한다.

"지구는 북쪽이 N극이고, 남쪽이 S극이지? 그런데 목성은 그와 반대라고 되어 있어."

　한별과 외깨인은 수희의 수학적 발견에 공감한다.

　외깨인이 토성에 대하여 마지막으로 공부하고 우주여행을 갈 것
이라고 한다. 한별과 수희, 우주여행이란 말에 귀가 번쩍 뜨이며 집
중한다.

토성

　바쁘다. 바빠. 우주여행이 가고 싶은 수희가 마음이 급한 나머지
토성에 대한 수학적 자료를 바로 이야기한다.

속도로 우주의 거리를 구하라!

- 토성의 지름 : 지구의 9배 크네.

- 토성의 질량 : 지구의 95배 역시 커.

- 토성의 중력 : 지구에서의 1kg은 토성에서의 1.08kg. 비슷하네.

"토성도 목성처럼 주로 기체로 이루어져 있어."

한별이 재미나게 이야기를 이어간다.

"토성은 태양계의 행성 중에서 유일하게 물보다 밀도가 작은 행성이다."

"밀도?"

이번엔 수희가 풀이 죽을 차례다.

"밀도란 물질의 질량을 부피로 나눈 값으로, 물질마다 고유한 값을 가져."

"말이 되게 어렵네. 좀 쉽게!"

딱딱한 고체 상태의 물질은 분자들이 매우 빽빽하게 모여 있어서 밀도가 크다. 액체 상태의 물질은 고체 상태에 비해 분자 사이의 거리가 멀기 때문에 좀 더 부피가 커진다. 즉 액체는 고체보다 밀도가 작다. 기체 상태의 물질은 분자 사이의 거리가 매우 멀어 같은 수의 분자가 차지하는 부피가 고체나 액체에 비해 훨씬 크다. 그래서 밀도가 매우 작은 편이다.

"그래도 어려워. 더 쉽게!"

참다못한 수희가 소리친다.

그러자 한별이 엄마가 쓰시던 김장 담글 때 쓰는 큰 대야를 들고 왔다. 그 대야에 물을 붓고, 하얀 공을 던져 띄운다. 수희가 뭐 하는 거냐고 묻자 한별이 말한다.

"토성을 담을 수 있는 물통이 있다면 토성을 물에 띄울 수 있어. 토성은 물보다 밀도가 작거든. 물보다 밀도가 크면 가라앉고, 물보다 밀도가 작으면 떠."

외깨인은 한별의 응용력에 감탄한다.

속도로 우주의 거리를 구하라!

"엄마 김장 담그시게 대야 갖다 드려라."

한별이 고무 대야를 갖다 드리고 오면 수희와 한별은 외깨인과 우주로 나갈 것이다.

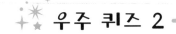

우주 퀴즈 2

목성의 태풍은 왜 사라지지 않을까요?

은하로

'기이잉…….'

그들이 탄 우주선이 막 지구의 대기를 뚫고 나온다. 수희는 우주로 나오면 무수히 많은 별을 보게 될 것이라고 기대를 했는데, 막상 우주에 나와 보니 깜깜하다.

"뭐야, 이거 우주의 신비가 없잖아? 별들은 다 어디 간 거야."

수희가 툴툴댄다.

"우주에는 별들이 골고루 흩어져 있는 게 아냐."

"응, 한별이 말이 맞다. 우주에는 별이 많이 모여 있는 곳이 있는가 하면, 별이 하나도 없는 곳도 있다."

외깨인의 말에 수희는 우주여행이 시시하다고 생각한다.

속도로 우주의 거리를 구하라!

"조금만 있으면 우리는 별들의 섬이라고 하는 '은하'라는 곳을 가게 될 거다. 그곳의 아름다움은 기대해도 좋다."

은하

머리 위에서 빛나는 별들은 인류가 태어나기 전부터 있었다. 원시인이나 고대인들도 우리와 같은 별을 보면서 살았다. 좀 더 시력이 좋은 사람들은 희미한 별의 무리도 볼 수 있었을 것이다. 은하란 수많은 별들이 모여 있는 집단이다.

1800년대 후반까지만 하더라도 사람들은 별의 무리인 은하가 무엇인지 잘 모르고 있었다. 19세기 사람들도 은하의 존재는 알고 있었지만, 그 은하의 크기가 어느 정도인지, 어떤 모양인지 자세히 알지는 못했다. 아래 사진은 우리가 살고 있는 은하(우리 은하, 은하수)의 모습이다.

은하수

은하는 아주 크기 때문에 은하의 크기를 나타내기 위해서는 긴 거리를 나타내는 단위가 필요하다. 주로 사용하는 단위가 '광년'이다. **1광년은 빛의 속력으로 1년 동안 간 거리를 말한다.**

"빛이 얼마나 빠른데, 그 속력으로 1년 동안 간 거리라면 얼마나 먼 거리일까?"

"빛은 1초에 약 30만km를 달린다. 1초에 지구를 일곱 바퀴 반이나 돌 수 있는 속력이다."

계산을 좋아하는 수희가 계산하다가 지쳐 포기한다.

상상의 거리 같지만 별들의 거리를 잴 때는 그런 단위를 사용해야 한다. 수희는 얼마나 우주가 넓으면 그런 단위를 사용할까 하며 신기해한다.

끝이 없는 우주, 그들의 여행은 과연 무사할까?

'삐삐삐……'

일행들이 타고 있는 우주선에 이상이 생긴 것 같다.

"아저씨, 무슨 일인가요? 무서워요. 우주 미아가 되는 것은 아니죠?"

수희가 불안해한다. 그러자 한별이 장난스럽게 말한다.

"우주 미아도 182로 신고하면 경찰이 찾아 줄까?"

"이런 상황에 농담이 나와?"

수희의 날 선 대답.

외깨인이 계기판을 이리저리 조작해 본다.

"아무래도 ★ 컴퓨터 바이러스가 침입한 것
같아."

외깨인과 한별이 모니터를 쳐다보자, 다음과
같은 자막이 뜬다.

1광년의 거리를 km로 나타내라!

"야, 바이러스치곤 참 어설프고 조잡하다."

하지만 이 바이러스를 치료하지 않으면 우주선
은 어디로 갈지 알 수 없다. 막막한 우주에서 구조의 손길을 마냥

기다릴 수 없는 노릇이다.

수희의 수학 실력이 필요한 상황이 되었다. 외깨인이 돕기에는 좀 그렇다. 왜냐하면 1광년은 지구의 1년을 기준으로 작성되었기 때문이다.

앞에서 이야기하지 않았지만 이 바이러스는 한 번의 계산 실수도 용납하지 않는다. 틀린 답을 입력하는 순간 생각하지도 못한 끔찍한 일이 벌어지게 될 것이다. 계산 실수를 용납하지 않는 성질은 수학과도 닮아 있다.

이제 이 우주선의 운명은 수희의 손끝에 달려 있다. 수희는 손을 벌벌 떨며 계산을 하기 시작한다. 어떤 수학 문제를 풀 때보다 더 긴장하는 수희다.

'1광년은 빛이 1년 동안 간 거리니까, 이것은 빛의 속력(초속)에 1년을 초로 바꾼 값을 곱한 것이다.'

"1년은 며칠이지?"

"물론 365일이지."

목성, 토성, 수성의 1년과 지구의 1년은 분명히 다르다. 그 기준을 잘못 잡으면 큰일난다. 지구의 1년은 분명히 365일이다.

"하루는 24시간이고……."

24를 입력한다.

그다음 수희가 해야 할 일은 1시간을 초로 고치는 것이다. 1시간

속도로 우주의 거리를 구하라!

은 60분이고, 1분은 60초니까 60×60＝3,600초. 동그라미 하나라도 잘못 입력하면 끝이다.

수희는 차분히 생각을 정리한다.

"1년을 초로 바꾸자……."

$$1년 = 365(일) \times 24(시간/일) \times 3,600(초/시간) = 31,536,000초$$

계산이 제대로 되었는지 수희는 검산에 검산을 반복한다. 더운 날씨도 아닌데 식은땀이 다 난다. 한 번의 실수도 용납할 수 없다.

이제 마지막 계산을 하는 수희.

$$1광년 = 300,000(km/초) \times 31,536,000초$$
$$= 9,460,800,000,000km$$

30만을 곱하는 이유는 빛이 1초에 30만km를 가기 때문이다. 여러 번 동그라미의 개수를 세던 수희, 마침내 9,460,800,000,000을 입력한다. 그리고 떨리는 손으로 엔터키를 친다.

"꼴까닥."

떨리는 한별의 침 넘어가는 소리가 들린다.

컴퓨터 계기판이 정상으로 돌아왔다. 기쁨에 겨워 한별이 수희를

부둥켜 안는다.

"네가 왜 날 껴안아."

수희의 강펀치가 한별의 명치를 때렸다. 숨 쉬기 힘들지만 그래도
기쁘다.

"하하하, 그래도 살아서 다행이다."

외깨인도 좋아한다. 삶이란 살아 있어서 행복한 거다.

수희와 한별은 1광년처럼 길게 느껴지는 경험을 하였다. 하여튼
1광년이란 거리는 엄청난 거리다.

속도로 우주의 거리를 구하라!

외깨인이 지금 우주선이 향하는 곳은 '우리 은하'라고 한다.

"우리 은하는 태양계가 속해 있는 은하를 말해. 우리 은하까지의 거리는 태양에서 3만 광년이란다."

3만 광년? 이제 얼마나 먼 거리인지 실감이 좀 되는 듯하다. 그렇게 멀게 느껴지는 1광년의 3만 배니 머리로는 이해되지 않아도 가슴으로는 느껴지는 것 같다.

"우주여행은 가슴으로 느끼는 거야."

한별이 제법 철든 이야기를 한다.

외깨인이 컴퓨터에 3만 광년이라고 입력하자 우주선은 빛의 속도보다 더 빨라지기 시작했다. 우주에서 빛의 속도는 아무것도 아닌가 보다. '쓰웅……'

그들이 도착한 곳은 별들이 옹기종기 모여 있는 은하수다. 우주에는 별이 아예 없는 곳은 없다. 그렇지만 우주는 아주 넓어서 별들이 모여 있는 것도 쉬운 일이 아니다.

"맑은 날 어두운 밤하늘을 보면 하늘을 가로질러 한쪽 지평선에서 반대편 지평선으로 이어지는 희미한 흰색 띠가 보여. 그게 바로 은하수야."

별에 대해서 제법 알고 있는 한별이 말한다.

"은하수는 한여름 밤  백조자리 근처에서 잘 보이지."

★ 백조자리
도마뱀자리와 거문고자리 사이에 있는 십자 모양의 별자리. 북반구에 있는 큰 별자리이다.

한별이 외깨인에게 물어본다.

"지구에서 보면 별이 없는 틈이 보이는데 그건 왜 그런 건가요?"

"왜 그럴까? 우리가 은하수에 왔으니 관찰해 보자."

외깨인은 한별과 수희에게 우주복을 입으라고 한다. 그런데 외깨인이 주는 우주복은 옷은 없고 신발만 두 개 있다. 한별이 호기심에 신발을 신자, '쓰웅' 하면서 신발에서 옷이 나와 위까지 덮으면서 우주복이 된다. 놀랍다.

옆에서 지켜본 수희도 놀라고 신기해하며 자기도 신발을 신는다. 그러자 수희도 곧 우주복을 입게 된다. 그리고 일행은 우주 공간으

속도로 우주의 거리를 구하라!

로 나간다.

별이 있어 반짝거리기도 하지만 우주 공간은 대체로 어둡다. 그래서 외깨인은 특수한 손전등을 들고 우주로 나간다.

반짝임이 없는 은하수를 조사해 보니 그곳에는 검은 구름이 끼여 있다.

"아, 은하수에서 별이 없는 부분은 별 앞에 두꺼운 구름이 가려져 있기 때문이구나. 태양도 구름에 가려지면 안 보이는 것처럼 말이야."

한별이 새로운 사실을 알고는 기뻐한다.

"이 검은 구름의 정체는 무엇인가요?"

"성간 물질이다."

"성간 물질이라고요?"

외깨인이 성간 물질에 대해 설명해 준다.

"별과 별 사이의 공간, 즉 성간 공간에 존재하는 물질을 모두 성간 물질이라고 부른다. '우주진'이라고도 한다. 은하는 수천 억 개의 별이 서로 중력으로 유지되고 있는데, 이러한 별과 별 사이의 공간인 성간 공간은 진공의 상태가 아니라 여러 가지 상태이 물질들이 있다."

수희의 표정이 알 듯 모를 듯하다.

"한별아, 지구인 중에 우리 은하를 처음 연구한 과학자가 누군지 알고 있니?"

성운(대규모 성간 물질)

"허셜(F. W. Hershel, 1738~1822년)입니다. 그럼 외깨인 나라에서 우리 은하를 발견한 과학자는 누구인가요?"

"하하, 우리 세계에서는 과학자가 우리 은하를 발견하지 않았다."

"그럼 누가 발견했나요?"

"응, 신발 수리공."

"예? 신발 수리공요? 신발 수리공이 어떻게……."

"뭘 그리 놀라나? 너희가 입고 있는 그 우주 신발도 그분이 발명한 거다."

외깨인은 별일 아니라는 듯 어깨를 으쓱하더니 우리 은하의 실제

속도로 우주의 거리를 구하라!

모습에 대해 설명을 시작한다.

"우리 은하는 수조 개의 별들로 이루어져 있다."

"수조 개?"

한별이 놀라자 수희가 수조 개가 얼마나 큰 수인가를 수학적으로
보여 준다.

"한 변의 길이가 10m인 정육면
체 상자에 모래를 가득 채웠을 때
모래알의 개수가 수조 개야."

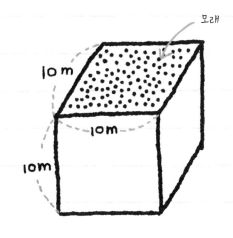

수희의 설명이 끝나자 외깨인의
설명이 계속된다.

"우리 은하의 지름은 10만 광년
이다. 그리고 두께는 은하의 중심
쪽은 3,000광년 정도로 두껍고,
태양이 있는 쪽은 500광년 정도로 얇단다."

외깨인은 한별과 수희를 데리고 우리 은하 위로 올라간다.

위에서 본 우리 은하의 모습은 2개의 나선 팔을 가지고 소용돌이
치는 모습을 하고 있다.

"와, 아름다워!"

수희는 감탄사 연발이다.

"우리 은하는 나선 모양으로, 우리 은하의 한가운데에는 오래된

나선 모양의 은하 M51

붉은 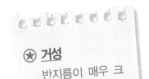 거성들이 많아서 좀 붉게 보이고, 나선 팔에는 젊은 별과 늙은 별들이 섞여 있다. 태양은 한쪽 나선 팔 중간쯤에 있을 거다."

★ **거성**
반지름이 매우 크고 매우 밝은 별

외깨인의 설명을 재밌게 듣는 수희와 달리 한별이 무서움에 떨며 말한다.

"외깨인 아저씨, 우주선으로 돌아가야 하는 거 아니에요?"

"왜?"

"행성들이 태양 주위를 돌듯이, 은하도 은하의 중심을 두고 돌잖아요. 회전 속도는 은하의 중심 쪽은 빠르고 나선 팔 쪽은 느리고

속도로 우주의 거리를 구하라!

요. 우리는 어디에 있는 건가요?"

"아마도 중심 쪽이겠지."

"앗! 그럼 이렇게 우주선이 정지해 있으면 위험한 것 아닌가요?"

"하하하, 너무 걱정하지 마. 우리 은하는 약 2억 년에 한 바퀴씩 돌아."

"휴, 다행이다."

"그럼 태양의 나이가 50억 살이니까 우리 태양계는 은하를 몇 번 회전한 걸까?"

수희가 간단히 계산을 한다.

"$50 \div 2 = 25$"

우리 은하는 지금까지 25번 회전한 사실을 알게 되었다.

"이번엔 한별, 그렇다면 어떻게 은하의 별들이 흩어지지 않고 은하의 중심 주위를 회전할 수 있을까?"

"그것은 은하의 중심에 거대한 중력을 가진 물체가 있어 만유인력으로 나선 팔에 위치한 별들을 도망가지 못하게 붙잡고 있기 때문이지요."

"음, 역시 한별이다. 괜히 이름에 별이 들어가는 것이 아니구나."

외깨이 이번에는 수희에게 눈을 찡긋하며 물어본다.

"수희야. 회전하니까 '회전체'가 생각나지?"

수희가 회전체에 대한 자신 있게 말한다.

회전체란?

평면 도형을 한 직선을 축(회전축)으로 하여 1회전해서 얻어지는 입체 도형.

평면 도형을 한 직선을 축으로 하여 1회전하면 회전체가 만들어진다. 회전체를 회전축에 수직인 평면으로 자른 단면의 모양은 항상 원이다. 그 비밀은 회전의 신비에 있단다.

하지만 회전축을 품는 평면으로 자른 단면은 회전체마다 다르다.

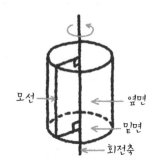

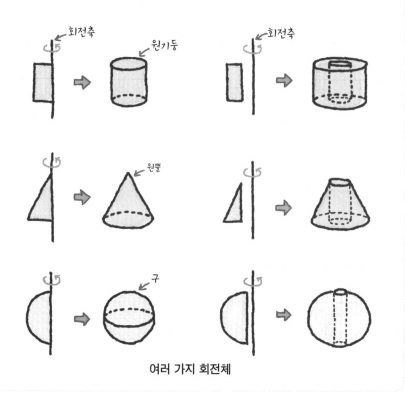

여러 가지 회전체

속도로 우주의 거리를 구하라!

수희의 설명을 들으면서 일행은 우주선으로 돌아왔다. 그런데 아까부터 외깨인의 표정이 어둡다.

'어디 아프신 건가?'

한별은 생각한다.

조종석의 컴퓨터를 본 외깨인, 수희와 한별을 와락 껴안는다.

"왜 그러세요?"

한별이 묻자, 외깨인은 식은땀을 흘리며 답한다.

"방금 우리는 블랙홀을 빠져 나왔어."

아까 앞에서 말했듯이 은하의 중심에는 거대한 중력이 있는데, 그게 바로 '블랙홀'이다.

블랙홀이라는 단어를 안 들어 본 사람은 없을 것이다. 우리에게 블랙홀은 빛의 속도로도 도망칠 수 없는, 모든 물질을 다 삼켜버리는 아주 무서운 천체로 알려져 있다.

우리 은하의 중심에 있는 블랙홀은 질량이 태양의 100만 배 정도이다. 그 만큼 강력한 힘으로 물체를 빨아들인다. 실감이 나지 않는 힘이다.

"만약 우리가 블랙홀에 빨려 들어갔다면 다시는 수학 숙제를 하는 일이 안 생길 수도 있단다."

"그렇다면 우리가 블랙홀에 빨려 들어갔어야 하는 거잖아요."

한별의 끔찍한 농담에 수희의 강편치가 다시 한 번 한별의 배에 꽂힌다.

한별 일행은 우리 은하의 탐방을 마치고 다른 은하로 빠르게 움직이기 시작한다.

수희가 다른 은하로 가기 전에 묻는다.

"우리 은하와 같은 은하가 또 있을까요?"

이 말에 외깨인은 씨익 웃으며 답한다.

"직접 보면서 확인해 보도록 하자."

외깨인이 일행을 데리고 간 은하는 '불규칙 은하'라는 곳이었다.

"불규칙 은하는 타원 은하, 나선 은하 등과 같이 특정한 모습을 띠지 않고, 규칙적인 구조를 보이지 않는 은하를 일컫는다."

불규칙 은하

속도로 우주의 거리를 구하라!

수희가 외깨인의 말을 받아서 말한다.

"수학은 대칭 구조를 좋아하는데. 불규칙 은하는 수학적이지 않은 은하군요."

"그렇지. 수희의 말이 옳다."

"불규칙 은하에 외계인이 산다면 정말 수학을 못할 것 같아요."

"하하하, 그럴 수도 있겠구나."

"나도 대칭 별론데……."

한별이 기어들어가는 목소리로 말한다.

"너 대칭이 어렵구나? 대칭이란 말이지……."

수희는 선생님 같은 어투로 대칭을 설명한다.

대칭이란?

점, 선, 면이 점, 직선, 평면을 사이에 두고 같은 거리에 마주 놓여 있는 것

• 선대칭 도형 : 평면 도형에서 하나의 선을 중심으로 양쪽이 같은 모양일 경우 선대칭 도형이라고 한다.

 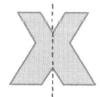

• 점대칭 도형 : 평면도형에서 한 점을 중심으로 180° 돌렸을 때, 모양이 처음 모양과 같을 경우 점대칭 도형이라고 한다.

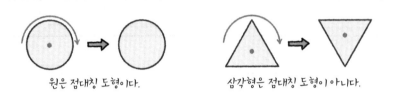

원은 점대칭 도형이다.   삼각형은 점대칭 도형이 아니다.

• 선대칭의 위치에 있는 도형 : 어떤 직선을 따라 접었을 때 완전히 겹치는 두 도형

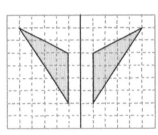

• 점대칭의 위치에 있는 도형 : 한 점을 중심으로 180° 돌렸을 때, 완전히 겹치는 두 도형

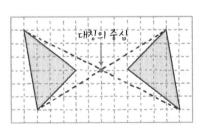

대칭의 중심

속도로 우주의 거리를 구하라!

외깨인은 불규칙 은하의 대표적인 예로는 소마젤란 은하와 대마젤란 은하가 있다고 말하고, 이제는 좀 더 규칙적인 은하의 세계로 가자며 우주선의 키를 돌린다. 슈우웅!

외깨인은 두 번째로 들를 은하는 '타원 은하'라고 하였다. 타원 은하로 가는 동안 외깨인은 호떡을 굽고 있다.

"아저씨, 웬 호떡이에요. 참 맛있겠네요."

"군침 흘리지 마. 이건 단순한 음식이 아니야. 학습 도구란 말이다."

"웬 학습 도구?"

외깨인은 뜨거운 호떡 아니 학습 도구를 들어 올려 옆으로 살짝 당기며 말한다.

"우리가 도착할 은하는 바로 이렇게 생긴 타원 은하다."

타원 은하는 이름 그대로 타원 모양으로 별이 퍼져 있는 은하이다. 타원 은하는 나선 은하처럼 중심 주위를 돌지 않는다. 타원 은하의 별들은 거의 대부분이 나이가 많은 늙은 별들이다. 그래서 붉은색으로 빛난다. 별들이 늙으면 붉은색이 된다.

설명을 들은 한별이 하는 말.

"그래서 호떡은 나이 많은 사람들이 좋아하는구나."

"나도 호떡 좋아하는데?"

수희가 침을 삼키며 말한다.

타원 은하

"늙은이……."

수희에게 얻어맞는 한별, 맞을 짓을 한 셈이다.

외깨인이 뜨거운 커피 한 잔을 가지고 있다. 한별이 나서며 말한다.

"그 커피 저 주세요."

"이 녀석아. 너는 학습 도구만 보면 먹고 싶다고 하냐? 그리고 내가 알기에 너는 아직 커피를 마실 나이가 아닌 거 같은데……."

"뭐요? 이것도 학습 도구라고요?"

"그럼! 이것으로 나선 은하의 모습을 설명할 거다. 잘 봐."

속도로 우주의 거리를 구하라!

외깨인은 뜨거운 커피에 맛있
게 생긴 하얀 크림을 따르더니 젓
가락으로 빠르게 젓는다. 그랬더
니 흰색의 나선 모습이 생겼다.

"야호, 이게 바로 나선 은하의
모습이란다."

안쪽의 크림은 빠르게 움직이
고 바깥쪽의 크림은 천천히 움직이므로 이런 나선 모양이 만들어지
는 것이다.

실제로 나선 은하의 별들도 은하의 중심에서는 빠르게 돌고, 바깥
쪽에서는 느리게 돌기 때문에 그런 모양으로 은하가 만들어진다.

맛있고도 재미난 외깨인의 설명을 듣는 동안 우리가 알아야 할 은
하의 모습을 거의 알게 되었다. 한별 일행은 은하에 대한 여행을 마
치고 맛있는 학습 도구들을 먹으며 다음 목적지로 향한다.

⠿ 우주 퀴즈 3

우리 은하는 어떤 특징이 있나요?

우주에는 중력이 없어

우주에는 공기가 없어요. 그래서 만약 우주에 새들을 풀어 놓는 다면 숨이 막혀 모두 죽게 될 거예요.

우주에 없는 것이 또 하나 있는데 우주에는 중력이 없어요. 중력이란 지구 에서처럼 중심으로 당기는 힘을 말하는데, 우주 공간은 중력이 매우 작아져 중력을 느낄 수 없는 무중력 상태랍니다. 즉 우주 공간에서는 물체의 무게를 거의 느낄 수 없어요.

중력이 없으면 공중에 둥둥 떠다니게 된답니다. 텔레비전에서 우주인들이 둥둥 떠다니는 모습을 본 적이 있을 거예요.

둥둥 떠다닌다고 하니까 자유로울 것 같지만 중력이 없으면 마음대로 움 직이기가 힘들어요. 중심을 잘 잡을 수가 없거든요. 또 무중력 상태에서는

물을 마시는 것도 어려워요. 컵을 거꾸로 기울여도 물이 쏟아지지 않 고 둥둥 떠다니기 때문이지요. 그래 서 우주인들은 빨대를 이용해서 물 을 먹는답니다.

그런데 물을 먹으면 어떤 현상이 일어나지요? 맞아요. 소변을 봐야 하는데 우주인들은 소변보는 것도 쉽지 않아요. 소변을 그냥 본다면

공중에 소변이 둥둥 떠다닐 거예요. 소변까지는 참을 수 있다고 쳐도 대변을 본다고 상상해 보세요……. 그래서 그런 일을 막기 위해 소변이나 대변을 빨아들이는 장치에서 볼일을 본답니다.

무중력 상태가 불편한 것만은 아니에요. 잠을 잘 때 이불을 덮으면 무게가 안 느껴져서 지구보다 더 편안하대요. 하지만 자다 보면 몸이 마구 움직이므로 잘 때는 꼭 벨트를 매야 한다지요.

가끔 지구에서도 무중력 상태를 느낄 때가 있어요. 언제냐고요? 엘리베이터를 타고 갑자기 엘리베이터가 내려가면 순간적으로 몸이 붕 뜨는 느낌이 들지요? 바로 그게 무중력 상태를 느끼는 거예요. 놀이동산에서도 종종 무중력 상태를 느낄 수 있어요.

4 우주의 거리를 측정하라

"외깨인 아저씨, 우주는 끝이 없다고 하는데, 우주의 거리는 어떻게 측정할 수 있나요?"

"그렇지, ★ 천문학 책을 읽다 보면 아주 큰 숫자들이 자주 등장하잖아."

"맞아요. 우주의 거리는 광년이라는 단위를 사용하는데 워낙 큰 단위라 피부에 와 닿지 않아요."

수희가 한별의 피부를 자세히 쳐다보며 놀린다.

★ 천문학
우주의 구조와 천체의 현상, 운행, 다른 천체와의 거리와 관계 등을 연구하는 학문

"네 피부에 와 닿으면 끔찍하겠어. 좀 씻어라. 이 때 봐라, 때. 호

속도로 우주의 거리를 구하라!

호호."

1광년은 빛이 1년 동안 달린 거리다. 지구에서 태양까지의 거리는 약 1억 5000만km인데 빛은 이 먼 거리를 8분 20초 만에 달린단다. 땀도 안 흘리고 말이다.

1광년이라는 거리도 우리가 상상하기에는 아주 먼 거리지만, 우주의 거리에 비하면 이건 100미터 달리기에 불과하다.

외깨인이 수희에게 묻는다.

"저기 밝게 보이는 별까지의 거리가 얼마나 될까?"

"한 몇 천km요?"

외깨인이 혀를 좌우로 움직이며 웃는다. 외깨인은 웃을 때 혀를 좌우로 움직인다.

"왜 웃어요?"

"하하, 그건 네가 터무니없는 대답을 해서 그렇단다."

"그럼 얼마나 먼데요?"

"아무리 가깝게 보이는 별이라도 대개는 수십 광년 정도 떨어져 있단다."

빛의 속도로 수십 년을 달려야 도달하는 거리란 소리다. 하지만 이 거리도 우리 은하

밖에 있는 다른 은하에 있는 별까지의 거리와는 비교도 안 된다.

빛이 수십억 년 동안 달려가야 하는 거리를 상상이나 할 수 있겠는가?

외깨인이 자랑할 만한 지구인이 있다며 홀로그램으로 나타낸다.

'쪼로롱' 하고 나타난 사람은 별까지의 거리를 처음 측정한 천문학자 허셜이다. 곧 허셜에 대한 설명이 음성으로 나온다.

허셜
(F. W. Herschel, 1738~1822년)

독일 태생의 영국 천문학자. 하노버에서 음악가의 아들로 태어나 7년 전쟁에 군인으로 갔다가 탈주하여 영국으로 건너갔다. 그 후 런던 교외에서 오르간 연주자로 있으면서 수학과 천문학 서적을 탐독하여 별에 관한 지식을 쌓았으며, 손재주가 뛰어나 망원경을 직접 만들었다.

7피트의 반사경으로 천왕성을 발견하여 왕가의 천문가가 되었으며, 40피트의 큰 망원경을 만들어 토성과 천왕성의 위성을 2개씩 발견하였다. 이 외에도 2,500개의 성운 등록, 800개의 이중성 관측, 별의 고유 운동 연구, 태양 적외선의 발견, 우리 은하의 형태 탐구 등 근대 천문학의 중요한 업적들을 달성했다.

속도로 우주의 거리를 구하라!

약간의 기계음이지만 살짝 배경음이 깔려 있어 듣기가 편안하다. 설명을 다 들은 수희가 말한다.

"천문학에는 수학이 반드시 필요한 것이군요."

"그럼, 천문학자의 수명을 연장시키는 데 수학이 공헌했다는 농담이 있을 정도다."

"그게 무슨 뜻인가요?"

"천문학에서는 큰 수를 다루기 때문에 수학이 필수라는 뜻이지."

외깨인이 이번 설명은 수학을 좋아하는 수희가 좀 도와야 한다고 말한다.

"허셜이 발견한 내용으로는 별까지의 거리를 측정하기 위해 별의 밝기를 이용하는데, 별의 밝기는 거리의 제곱에 반비례해서 어두워진다."

외깨인의 설명에도 한별의 귀에는 '별'만 들린다.

"수희야, 제곱이 뭔지 말해 줄래?"

"같은 수 또는 문자를 2회 거듭하여 곱한 것, 예를 들면 3의 제곱은 3×3을 말하지요."

"잘했어! 그럼 반비례는 뭐지?"

"한쪽 양이 커질 때 다른 쪽 양이 그와 같은 비로 작아지는 관계예요."

수희의 말에 고개를 갸우뚱거리는 한별.

수희는 공간에 펼쳐진 특수 칠판을 이용하여 다시 보여 준다. 외깨인이 사용하던 것을 이제 수희도 잘 사용하게 된 모양이다.

이 표를 보면 x의 값들이 1, 2, 3, 4, …로 늘어날 때 y의 값들은 6, 3, 2, $\frac{3}{2}$, …으로 줄어든다. 즉 x의 값들이 1배, 2배, 3배, 4배, …로 늘어날 때 y의 값들은 1배, $\frac{1}{2}$배, $\frac{1}{3}$배, $\frac{1}{4}$배, …로 줄어든다.

x	1	2	3	4	…
y	6	3	2	$\frac{3}{2}$	…

"그런데 여기에는 일정한 법칙이 있어. 한별아, 찾을 수 있겠어?"

"음……, 그러니까……, 음……."

"그럼, x와 y 값들을 차례로 곱해 봐. 아래위로."

$1 \times 6 = 6,\ 2 \times 3 = 6,\ 3 \times 2 = 6,\ 4 \times \frac{3}{2} = 6,\ \cdots$

"어, 두 수들을 곱하니 모두 6이 되잖아."

"그래, 그런 관계를 바로 반비례 관계라고 하는 거야."

알쏭달쏭! 그런데 재미있다.

반비례에 대한 설명이 끝나자 외깨인이 비장한 표정으로 별의 밝

속도로 우주의 거리를 구하라!

기에 대해 이야기한다.

"예를 들어 B별이 A별보다 3배 더 멀리 떨어져 있다면 B별의 밝기는 A별의 밝기의 9분의 1이 될 것이다."

외깨인 아저씨의 설명에 수희가 보충 설명을 한다.

"별이 3배 더 멀다고 하면 3을 제곱해서 $3 \times 3 = 9$, 별의 밝기는 9의 역수인 $\frac{1}{9}$로 어두워진다는 얘기야. 즉, 반비례 관계가 성립한다는 뜻이지. 이제 '별까지의 거리 측정은 별의 밝기를 이용하는데, 별의 밝기는 거리의 제곱에 반비례해서 어두워진다.'는 말이 이해가 되지?"

이 말에 한별이 묻는다.

"역수가 뭐였더라?"

"분모와 분자가 바뀌는 관계."

수희가 답답하다는 듯이 짧게 말한다. 앞에서 설명했기 때문이다.

"예를 들면 $\frac{2}{3}$의 역수는 $\frac{3}{2}$이라고."

짧게 설명한 게 미안했던지 예를 덧붙인다.

"한별아, 잘 봐. 분모의 수와 분자의 수가 서로 바뀌었지? 이런 관계를 수학에서는 역수라고 하는 거야."

한별은 이제 반비례와 역수에 대해서는 어느 정도 이해가 되었지만, 그걸 어떻게 별까지의 거리 측정에 이용한다는 것인지 감이 오지 않는다.

한별의 생각을 눈치챈 외깨인이 말한다.

"자, 이제 기본 지식은 익혔고, 실제로 별까지의 거리 측정에 대해 말해 볼까? 일단 먼 우주의 거리를 재려면 그 먼 거리를 비교할 수 있는 하나의 기준이 필요하다. 끝이 없는 우주를 재려면 말이다. 천문학자 허셜의 말을 들어 볼까?"

외깨인 아저씨는 홀로그램을 통해 허셜 아저씨를 불러온다.

허셜 아저씨는 옛날 사람이라 흑백으로 나타나 말한다.

"나는 시리우스라는 별을 기준으로 하여 모든 별까지의 거리를 시리오미터라는 단위를 이용해서 나타내었지."

"시리우스요?"

시리우스

속도로 우주의 거리를 구하라!

한별은 어디선가 들어본 듯하다는 표정으로 묻는다.

"그래, **시리오미터는 시리우스라는 별까지의 거리를 1로 하는 단위를 말한다.**"

외깨인이 허셜 아저씨 대신 답한다.

"외깨인 아저씨, 시리우스는 겨울철 별자리인 ★ 큰개자리 중에서 가장 밝은 별이죠?"

"그렇지!"

시리우스는 큰개자리뿐 아니라 하늘에서 보이는 모든 별 중에서도 가장 밝은 별이다.

"오, 시리우스가 그렇게 유명한 별이었구나. 나는 몰랐네."

★ **큰개자리**
한겨울 무렵 남동쪽 하늘에서 볼 수 있는 별자리이다. 육안으로 87개의 별을 볼 수 있다.

수희는 지구로 돌아가면 이번 겨울에 꼭 확인해 보리라 마음먹는다.

허셜의 홀로그램이 다가와 말한다.

"나는 밝기로 그 기준을 삼았지."

"야, 홀로그램이 말을 하니 더욱 신기해."

수희가 감탄하다

"예를 들어 밝기가 시리우스 밝기의 $\frac{1}{49}$인 별이 있다고 하자. 그럼 $\frac{1}{49} = \frac{1}{7^2}$이므로 시리우스까지의 거리의 7배인 거리에 있다고 생각할 수 있지. 이 거리를 7시리오미터라고 한단다."

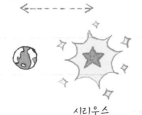

7시리오미터

1시리오미터

시리우스

$\frac{1}{49} = \frac{1}{7^2}$ 밝기

한별이 홀로그램의 허셜을 만지려고 하자 스르르 사라진다.

"하지만 모든 별들의 실제 밝기가 똑같지 않다는 점이 허셜 주장의 단점이지."

외깨인이 답변을 한다.

"그래요. 허셜 아저씨도 자신의 방법이 정확하지 않다는 것을 나중에 알게 되었지요."

한별이 한마디 거든다.

"하지만 허셜이 천문학에 크게 공헌했단다. 근삿값이지만 대략적인 우주의 구조를 알게 되었으니 말이다. 허셜은 은하계가 편평한 모양을 하고 있음을 실증했다."

근삿값이란 말이 나오자마자 수희가 놓치지 않고 한마디 한다.

역시 수학은 수희다……

속도로 우주의 거리를 구하라!

근삿값이란?

어떤 것을 재었을 때 얻은 값이 참값에 아주 가까운 값을 말한다.

외깨인 아저씨가 홀로그램을 여러 장 보여 준다. 퀴즈를 하시려고 하나 보다.

허블, 스티븐 호킹, 베셀의 홀로그램이 순서대로 나온다.

허블
(E. P. Hubble, 1889~1953년)

미국의 천문학자. 시카고 대학교를 졸업하고 옥스퍼드 대학교에서 법률학 학위를 받았다. 그러나 천문학에 깊은 관심을 나타내어 여키스 천문대와 윌슨 산 천문대에서 연구했다.

세페이드 변광성을 발견하였고 이것이 우리 은하 밖에 있음을 증명했다. 1929년에는 자신의 이름을 딴 허블의 법칙을 발견하여, 은하에 관한 많은 업적들을 낳는 데 공헌하였다. 미국항공우주국(NASA)과 유럽우주국(ESA)이 주축이 되어 개발한 우주 망원경에 그의 이름을 붙여 '허블 우주 망원경'이라고 부르고 있다.

스티브 호킹
(Stephen Hawking, 1942년~)

영국의 우주물리학자. 1963년, 운동 신경이
파괴되어 전신이 뒤틀리는 루게릭병(근위축
증) 진단을 받았다. 그러나 그의 학문 인생은
이때부터 시작되어 우주물리학에 몰두하여
'블랙홀은 검은 것이 아니라 빛보다 빠른 속
도의 입자를 방출하며 뜨거운 물체처럼 빛
을 발산한다.'는 학설을 내놓아, 블랙홀은 강한 중력을 지녀 주위의 모든
물체를 삼켜 버린다는 종래의 학설을 뒤집었다. '특이점 정리', '블랙홀 증
발', '양자 우주론' 등 현대물리학에 혁명적 이론을 제시하였다.

베셀
(F. W. Bessel, 1784~1846년)

러시아의 천문가. 항해술과 천문학을 독학으
로 공부했으며, 1806년에 리리엔탈 천문대의
관측원이 되었다. 1810년에 쾨니히스베르크
대학교로 옮겨와 생을 마칠 때까지 그곳에서
일했다. 75,000개의 관측을 기초로 9등급보
다 밝은 별의 목록을 작성하였고, 관측에서
나 이론에서나 훌륭한 공적을 남겼다.

"이 세 사람 중에서 시리우스까지의 실제 거리를 측정한 사람은 누구일까?"

외깨인과 한별이 수희를 쳐다보며 맞혀 보라고 한다. 과학 문제에 살짝 당황하는 수희. 곤란하다. 수희는 생각한다. 이런 경우 맨끝의 것이 정답이라고.

"답은 3번 베셀!"

찍어서 정답을 맞히는 수희에 놀라는 한별과 외깨인!

"한별아, 별까지의 거리를 측정하는 문제가 수많은 천문학자들에게 왜 어려웠을까?"

"모르겠는데요."

한별이 쉽게 답하지 못하는 걸 보니 꽤나 어려운 문제라고 수희는 생각한다.

"그건 지구가 태양을 돌고 있기 때문이다."

"지구가 태양을 돌면 어떤 문제가 발생하는데요?"

수희가 의아해한다.

외깨인은 대답 대신 농구 감독처럼 양복을 갈아입고 선수들에게 설명할 때 쓰는 자석판과 자석 돌을 들고 나타났다.

"우리가 걸어가면서 길거리를 보면 내 위치에 따라 건물들의 위치가 달라 보이지? 이와 같이 하나의 물체를 서로 다른 지점에서 보았을 때 방향의 차이를 '시차'라고 한다."

외깨인은 자석 판 위에 자석들을 놓고 이리저리 움직이면서 설명을 한다.

"그것처럼 지구가 태양을 돌면서 별들을 관측하니까 지구의 위치에 따라 별들의 위치가 달라져 보인다. 여기서 문제! 이것을 뭐라고 할까?"

"너무 어려워요. 보기를 주세요."

"그렇지. 너희가 맞히기에는 너무 어려워. 보기를 주지. 1번 피아노 시차, 2번 연주 시차, 3번 박자 시차."

이번에는 한별이 나서서 정답을 찍어 본다.

"3번 박자 시차!"

"땡."

한별의 자존심이 무너져 내린다.

수희가 답한다.

"2번 연주 시차!"

"딩동댕!"

"야호!"

여자의 직감이란 이런 때도 통하나 싶다.

연주 시차를 알아내면 직각삼각형을 이용하여 별까지의 거리를 알 수 있다. 즉, 연주 시차가 크면 거리는 가깝고 연주 시차가 작으면 거리가 멀다.

속도로 우주의 거리를 구하라!

연주 시차

지구가 태양을 중심으로 공전 운동을 함에 따라 천체를 바라보았을 때 생기는 시차를 일컫는다. 즉 천체와 지구를 잇는 직선과 천체와 태양을 잇는 직선이 이루는 각으로 나타낸다.

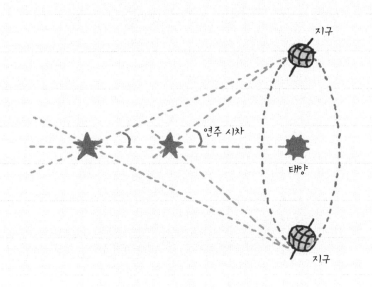

"직각삼각형?"

수희의 수학에 대한 반응은 거의 반사적이다.

"직각삼각형은? 한 각이 직각인 삼각형."

수희가 성에 낀 우주선 창문에 직각삼각형을 그린다.

수희는 한별에게 설명한다.

"직각삼각형을 이용하면 거리를 알 수 있어. 그리고 변의 길이와

117

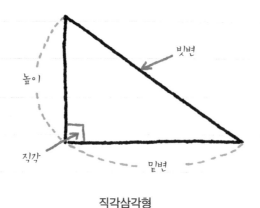

직각삼각형

각이 어떤 거리를 재는 데 이용된다는 것을 이집트 시대 사람들도 알았어. 자세한 것은 한별이 공부해 보도록!"

한별은 수희 선생님을 말을 고분고분 듣고 있다.

이번에는 한별이 연주 시차에서 생길 수 있는 직각삼각형의 모습을 그려 넣는다.

"지구인 학생들 대단해요!"

외깨인이 칭찬한다. 아마도 이 둘은 외계인에게 칭찬받은 유일한 지구인 학생일 것이다.

쿵! 우주선이 몹시 흔들린다. 무언가에 잡혀 흔들리는 느낌이다. 그 느낌은 정확했다. 지금 우주선은 우주마녀에게 잡혀 있다.

속도로 우주의 거리를 구하라!

4. 우주의 거리를 측정하라

외깨인이 창 밖을 보니 역시 우주마녀가 맞다.

"내 이럴 줄 알았어. 이 지역은 우주마녀를 만날 가능성이 아주 높은데 내가 그만 신경을 쓰지 못했어."

한별이 당황하며 묻는다.

"우주마녀가 뭐죠?"

외깨인이 한별에게 우주마녀에 대해 들려준다. 원래 우주마녀는 착한 마녀였다. 그런데 어느 날 자신의 왼쪽 눈을 잃고 안과에서 새로 눈을 해 넣었는데, 그때부터 난폭하게 변했다고 한다.

그러니까 우주마녀가 난폭하게 변한 이유가 양쪽 눈의 시력이 달라졌기 때문인 것이다.

아 참, 우주마녀의 눈은 인간의 눈과는 달리 별로 이루어져 있다. 인간의 눈은 수정체, 망막, 홍채, 뭐 이런 것으로 이루어져 있지만, 우주마녀의 눈은 별로 이루어져 있다.

수희가 말한다.

"그럼, 저렇게 날뛰고 있는 마녀의 시력을 맞추어 주면 되잖아요."

"그게 쉬운 일이 아니란다."

외깨인은 우리가 알기 쉽게 설명해 준다.

"우주에는 수많은 별들이 각각 다르게 빛나고 있다. 그런 별들 중에서 같은 ✪ 등급의 별을 찾기란 여간 힘든 일이 아니다.

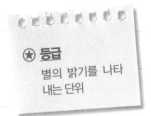

✪ 등급
별의 밝기를 나타
내는 단위

속도로 우주의 거리를 구하라!

별들은 보기와는 다르게 거리가 수만 광년 떨어져 있기 때문에 비교하기가 쉽지 않다."

"그러면 저렇게 난폭하게 공격하는 우주마녀에게 당하고만 있어야 하나요?"

수희가 무서움에 벌벌 떤다.

우주선이 흔들리면서 우주선 안은 이미 난장판이다. 흔들림에 멀미가 날 정도다.

"한별의 말이 맞다. 이대로 있다간 우리 모두 죽을지도 모른다."

"그래요. 대책을 세워야죠. 우리가 오른쪽 눈과 같은 등급의 별을 찾아주지요."

수희가 어금니를 꽉 깨물며 말한다.

"그래, 우리가 한번 시도해 보자."

"연주 시차를 이용하는 것은 어떨까요?"

한별이 조심스럽게 질문하자, 외깨인이 큰소리로 대답한다.

"안 돼. 연주 시차로 같은 등급의 별을 찾는 것은 불가능해."

"왜죠?"

"우주마녀는 아주 큰 괴물이다. 우주마녀의 눈과 눈 사이의 거리는 적어도 3,000광년은 떨어져 있다. 그러나 연주 시차를 이용하여 측정할 수 있는 거리는 300광년 정도이다. 따라서 연주 시차로 우주마녀의 왼쪽 눈을 찾아 주기는 불가능하다."

외깨인 역시 좋은 방법이 떠오르지 않는 듯하다.

이러지도 저러지도 못하고 있던 수희가 컴퓨터로 검색을 한다. 검색 결과 헨리에터 리비트라는 미국 여성 천문학자의 이름이 뜬다. '별까지의 거리를 재는 정확하고 효과적인 방법을 알아낸 미국의 여성 천문학자'

홀로그램을 통해 리비트를 불러냈다.

리비트
(H. S. Leavitt, 1868~1921년)

미국 매사추세츠 주 랭커스터에서 태어났다. 1892년 하버드 대학교를 졸업하고, 1902년 남아메리카 페루의 하버드 천문대 부속 관측소의 사진 자료를 근거로 소마젤란 은하의 32개 세페이드 변광성을 연구하고, '주기−광도 관계'를 발견하였다. 세페이드 변광성은 그 후 은하계 밖의 천체에 대한 거리 측정의 기준으로 이용되고 있다. 리비트는 그 밖에 2,400개 이상의 변광성을 관측하고, 변광성 표를 제작하였다.

4. 우주의 거리를 측정하라

수희는 다급하게 리비트에게 도움을 요청했다.

"저희를 도와주세요."

리비트는 묵묵부답이다.

"지금 사정이 아주 급해요."

수희가 화를 내며 더 큰 소리로 도와 달라고 한다.

하지만 리비트는 눈만 멀뚱멀뚱거린다.

안절부절못하는 수희에게 한별이 리비트의 검색 자료를 보여 준다. 리비트는 청각 장애인이다.

수희가 미안해하며 'Help me!'라고 종이에 글을 써서 보여 주니 리비트가 고개를 끄덕인다.

한별이 리비트에게 어떻게 된 사연인지 글로 자세히 설명하자, 리비트는 자신이 살아생전에 연구했던 변광성 분석을 이용하자고 한다.

"변광성이란 시간에 따라서 밝기가 변하는 별이다. 하지만 밝기가 변하는 변광성을 찾아내는 일은 쉬운 일이 아니다."

외깨인이 간단히 설명해 준다.

쉽진 않겠지만 하지 않으면 우주선과 일행들의 운명이 어찌될지 아무도 모른다. 해내야만 한다.

망원경으로는 별의 밝기가 변하는지 알기가 어렵다.

"그럼 어떻게 해야 하나?"

속도로 우주의 거리를 구하라!

우리 모두 고민하고 있을 때 리비트가 다음과 같은 내용을 보내왔다.

> 다른 날 밤에 찍은 두 장의 사진을 겹쳐 놓고 비교하면 밝기의 변화를 쉽게 찾아 낼 수 있어요. 나도 예전에 이런 방법으로 2,400개나 되는 변광성을 찾아 내었지요. 모든 변광성은 일정한 주기를 가지고 있어요. 우주마녀의 오른쪽 눈 역시 변광성인데, 그와 같은 주기의 별을 찾기만 하면 짝짝이인 우주마녀의 시력을 같게 만들어 줄 수 있을 거라고 생각합니다.

⭐ <u>주기</u>는 변광성이 밝아졌다가 어두워지고 다시 밝아질 때까지 걸리는 시간을 말한다. 이것은 수학을 통해서 충분히 알아낼 수 있다. 그들에겐 계산에 능통한 수희가 있지 않는가.

⭐ 주기
같은 현상이나 특징이 한 번 나타나고부터 다음번 되풀이 되기까지의 기간

"이틀 동안에 어두워졌다가 다시 밝아졌다면 주기는 2일이야."

수희가 자신 있게 말한다.

리비트는 우주마녀의 눈과 같은 등급의 별을 찾기 위해 변광성이 밝기와 주기 사이에 어떤 관계가 있는지 연구한다.

리비트가 한별과 수희에게 말한다.

'한별아, 수희야, 지금부터는 너희들이 나를 좀 도와야 해.'

"Yes, sir!"

'변광성의 주기와 밝기 사이에는 간단한 비례 관계가 성립해. 따라서 하늘의 다른 두 곳에서 밝기가 같은 주기로 변하는 두 변광성을 찾아내기만 해. **두 변광성의 주기가 같다는 것은 두 별의 실제 밝기는 같다는 뜻이니까.**'

리비트의 설명을 듣고 외깨인이 다급하게 말한다.

"변광성의 깜빡거리는 시간을 재 봐! 그럼 밝기를 알 수 있지."

"일단 우주마녀의 오른쪽 눈의 깜빡거리는 주기를 먼저 알아야 하겠네요."

"그렇지."

외깨인이 맞장구친다.

"우주마녀의 오른쪽 눈의 깜빡거림이 7초 간격이에요."

이제 되었다. 우주의 별, 그것도 변광성 중 7초를 주기로 깜빡거리는 별을 찾으면 된다. 한별과 수희가 동시에 외친다.

"바로 저 별이에요."

"그럼, 슈퍼컴퓨터 작동. 우주마녀의 눈을 저 별로 수술 실시!"

'위이잉' 하면서 컴퓨터 화면 속에서 우주마녀의 수술이 시작된다. 눈 깜짝할 순간에 우주마녀의 수술이 끝나고, 수술의 결과는 성공적이다.

수술이 성공적으로 끝나자 우주마녀는 원래의 온순한 성격으로

속도로 우주의 거리를 구하라!

4. 우주의 거리를 측정하라

돌아가서 우주선을 놓아 준다.

"휴우, 다행이다. 리비트 선생님, 고맙습니다!"

멀뚱멀뚱 쳐다보는 리비트.

수희가 "아 참." 하면서 'Thank you!'를 적어 보여 주자 리비트가 씽긋 웃는다.

그렇게 한별 일행은 또 한 번의 우주 고비를 넘긴다.

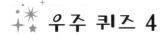 **우주 퀴즈 4**

변광성이란 어떤 별인가요?

속도로 우주의 거리를 구하라!

5 우주는 끝이 있을까

한별과 수희가 침을 튀겨 가며 말싸움을 한다.

"우주는 끝이 없어."

"아냐, 아무리 큰 우주라도 그 끝은 있어."

한별이 지구의 모래 수는 아무리 많아도 결국엔 끝이 있다고 말했고, 그것을 수학으로 칠판에 적어서 나타낸다.

1, 2, 3, 4, ⋯⋯⋯⋯, 1000000000000000000000000000000000000000000000000000,(끝)

그러자 이번에는 수희가 수학에는 이런 표현도 있다면서 칠판에 쓴다.

1, 2, 3, 4, ⋯⋯, 100000000000000000000000000000000⋯

········ (끝이 없음)

"하하하, 너희만 우주의 끝이 있는지 없는지 말싸움을 한 것은 아니란다. 지구의 과학자들 역시 우주의 끝이 있다 없다로 많은 논쟁을 했다. 그리고 우리 외계인들 역시 아직도 그에 대한 논쟁을 벌이고 있단다. 우주는 엄청나게 넓어서 증명하기가 쉽지 않지."

외깨인이 나서서 둘을 말린다. 말린다고 해서 오징어 말리듯이 말려지는 것은 아니다.

외깨인이 이런 주장을 하다가 죽임을 당한 과학자가 있다고 말하며, 버튼을 누르자 한 남자가 홀로그램으로 나타난다. 그는 바로 ★ 지동설을 주장하다가 화형을 당한 이탈리아의 자연철학자 브루노(G. Bruno, 1548~1600년)다.

★ **지동설**
지구는 자전하면서 태양의 주위를 돈다는 설

브루노는 여러 방송국의 기자들 앞에서 인터뷰를 한다.

"자자, 조용히 해 주세요. 이제부터 저의 생각을 발표하겠어요. 거기, 좀 설치지 말고 앉아 주세요. 네네, 그럼 발표하겠습니다. 우주는 끝을 생각할 수 없는 무한 우주라고 생각합니다. 우주는 무한할 뿐만 아니라 균일합니다. 그리고 만약 신이 우주를 만들었다면 다른 곳에도 또 다른 우주를 만들었을 것입니다."

브루노가 이렇게 발표를 하자 로마 교황청 사람들이 '우우' 하고

속도로 우주의 거리를 구하라!

야유를 보낸다.

"결국 브루노는 이 발언 때문에 1600년 2월 17일 화형을 당했다."

외깨인은 잠시 묵념을 하고 브루노 홀로그램을 돌려보낸다.

수희가 뭔가를 검색하더니 외친다

"아저씨, 브루노 아저씨 말고도 데카르트(R. Descartes, 1596~1650년)

와 뉴턴(I. Newton, 1642~1727년) 아저씨가 우주가 무한하다고 했어요."

"앗, 안 돼. 여기서 데카르트를 말하면······."

쿵! 우주선에 뭔가 부딪친다.

우주라는 곳은 어떤 일들이 일어나고 있는지 추측은 할 수 있어도 증명하긴 힘들다.

외깨인이 말한다.

"이 지역에서 데카르트를 말하면 '프레남'이라는 것에 의해 별들이 움직이게 된다. 그로 인해 작은 별똥 같은 것도 움직이면서 우주선에 충격을 가하게 되지……."

쿵쿵! 자꾸 우주선에 뭔가가 부딪친다.

"하지만 데카르트의 프레남이란 물질은 과학적으로는 없는 것이 잖아요."

한별이 말한다.

"그렇지, 그걸 밝혀내면 우린 우주선을 구할 수 있단다."

"아저씨가 도와주면 되잖아요."

"하지만 우주의 규칙에 따르면 그럴 수 없다. 우주의 규칙에는 만 나이로 5만 살 이상인 자가 도와주면 안 된다고 했다. 7초 전에 나는 5만 살이 되었다."

"윽, 뭐 그런 억지 같은 일이……. 할아버지라고 불러야겠어요. 수희야, 빨리 검색해 보자. 우주선 더 망가지기 전에."

"그래. 데카르트의 프레남이 왜 어떻게 잘못된 것인지……."

하지만 일이 꼬일 때 꼭 이런 상황이 벌어진다. 하필 그 지역에서

속도로 우주의 거리를 구하라!

와이파이가 뜨질 않았다.

"데카르트의 프레남이 도대체 뭔데 우리를 이렇게 괴롭히는 것일까?"

방법은 오직 하나. 한별이 옛날에 읽었던 과학 이야기에 대한 기억을 되살리는 길뿐이다. 우주선의 미래는 한별의 좌측 뇌의 기억에 달려 있다. 좌뇌의 기억을 되살리기 위해서는 오른쪽을 많이 움직여야 한다. 오른손을 계속 움직이며 생각하는 한별이.

프레남이란 데카르트가 만든 용어이다. 우주에 있는 많은 천체들

133

이 서로 떨어지지 않고 태양 주위를 도는 현상에 대해, **우주의 천체와 천체 사이에는 프레남이라는 물질이 가득 차 있고, 천체들이 움직이면 이 프레남도 운동하게 되어 그 영향력이 우주 전체로 퍼져 나간다고 했다.**

한별은 자신이 읽었던 내용들이 차츰 떠올랐다. 역시 독서의 힘이다.

"자, 그럼 데카르트의 생각이 왜 잘못되었는지 말해 봐."

외깨인이 시간이 없다며 재촉한다.

"그건 바로 데카르트가 두 물체 사이의 힘을 무시했기 때문에 프레남이라는 물질이 있다고 생각한 것입니다. 하지만 우주에서도 두 물체 사이에 힘은 존재해요."

"바로 그거다. 그럼 그것을 주장한 학자는 누구지?"

"뉴턴!"

한별이 대답하자 서서히 가상의 물질인 프레남이 사라지고, 우주선에 뭔가 부딪치는 현상도 사라진다.

외깨인이 뉴턴의 생각을 말해 준다.

"뉴턴은 두 물체가 떨어져 있어도 그 사이에 힘이 작용하므로 두 물체 사이에 프레남과 같은 물질이 있을 필요가 없다고 말했다. 또 그 힘은 두 물체 사이의 거리의 제곱에 반비례하고 두 물체의 질량의 곱에 비례한다고 했다."

이때, 수희가 제곱이라는 뜻을 설명한다. 한별이는 또 까먹었을

속도로 우주의 거리를 구하라!

두 물체가 떨어져 있어도 그 사이에 힘이 작용하므로 두 물체 사이에 프레넘과 같은 물질이 있을 필요가 없다.

프레넘

테니까.

"제곱이란? 같은 수나 식을 두 번 곱하는 것."

"그래서?"

"$3 \times 3 = 3^2$. 3을 두 번 곱하면 3 위에 조그맣게 2라고 표시를 하는데 우리는 그것을 '지수'라고 부르다."

"문자도 이런 표현이 가능하다면 수희 곱하기 수희는 $(수희)^2$이라고 하면 되겠네."

"호호, 공부 못하는 애들이 저런 짓은 잘해요."

그렇게 또 한 번의 위기에서 벗어나는 한별 일행이다.

　우주선의 창문을 통해 끝없는 공간의 우주를 보고 있는 한별이 일행. 과연 우주의 끝은 있는 것일까, 없는 것일까?

　"우주의 끝이 있는지 없는지를 알기 위해 많은 과학자들이 연구했지. 그것을 밝혀내는 과정의 하나가 바로 '도플러 효과'다."

　외깨인이 또 어려운 과학 용어를 들고 나온다. 순간 수희의 미간이 찌푸려진다.

도플러 효과

파동을 발생시키는 파원과 그 파동을 관측하는 관측자 중 하나 이상이 움직이고 있을 때 발생하는 효과로, 파원과 관측자 사이의 거리가 좁아질 때는 파동의 주파수가 더 높게, 거리가 멀어질 때는 파동의 주파수가 더 낮게 관측되는 현상이다. 예를 들어 자동차가 경적을 울리며 다가올 때는 음파의 진동수가 증가하여 경적 소리가 보다 고음으로 들리고, 경적을 울리면서 멀어질 때는 음파의 진동수가 감소하여 저음으로 들리게 된다.

도플러 효과는 소리뿐 아니라 빛의 경우에도 나타난다. 빛의 경우 광원이 접근해 오면 관측되는 진동수가 커지고, 멀어지면 관측되는 진동수가 작아진다. 진동수가 작아지는 것, 즉 광원이 멀어지는 경우는 적색 이동이라 하고, 진동수가 작은 적색 쪽으로 빛의 스펙트럼(적색 편이)이 나타난다. 이를 이용하여 별의 후퇴 속도를 계산할 수 있다.

속도로 우주의 거리를 구하라!

외깨인이 지구의 구급차를 이용하여 설명한다면서 구급차를 운전한다. 외깨인은 면허증이 있는 걸까?

구급차가 한별 쪽으로 다가오자 소리가 커진다. 소리의 높이도 높아진다.

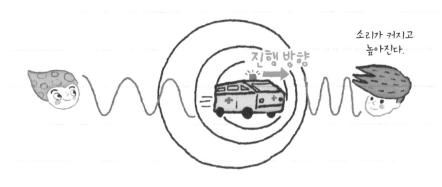

"이때 소리의 높이는 파장의 주기에 따라, 소리의 크기는 진폭에 따라 결정되는데, 구급차가 한별 가까이 오니 당연히 소리는 커지고, 도플러의 효과에 따라 파장의 주기가 짧아진다. 그래서 음이 높아지는 거다."

외깨이의 설명이 끝나자마자 한별과 수히 동시에 소리친다.

"너무 어려워요!"

외깨인은 잠시 생각에 잠기더니 우주에서 라면을 먹어 보자며 라면을 끓여 온다.

"우와, 우주에서 먹는 라면 맛 최고겠다."

그런데 외깨인은 두 개의 냄비에 라면을 끓여 온다. 왜 그럴까?

"각 냄비에 들어 있는 라면의 면발로 파동과 진동, 매질 등을 배울 거야."

"엥, 줄을 이용하여 배우는 건 봤어도 라면을 이용하여 배운다고요?"
한별은 의아해한다.

일단 한별과 수희는 외깨인의 행동을 지켜보기로 한다. 와우, 외계인치고 젓가락질을 잘한다.

외깨인은 푹 익은 라면의 면발을 들어 올린다.

"자, 이 라면의 면발은 덜 고불고불하지? 이것을 지구인들은 라면이 퍼졌다고 한다. 퍼진 라면의 면발은 마루와 마루 사이가 넓어서 파장이 길다고 볼 수 있어."

"하하하, 아저씨 대단해요. 라면 면발의 마루와 마루 사이를 파장으로 비유하다니."

수희는 무슨 소리를 하는지 몰라 눈만 멀뚱멀뚱하다. 이때 한별이 그림으로 나타낸다.

"잔잔한 물 위에 돌을 던지면 돌이 던져진 곳을 중심으로 둥그런 모양이 퍼져 나가지? **파동이란**

속도로 우주의 거리를 구하라!

이렇게 한곳에서 생긴 진동이 옆으로 퍼져 나가는 것을 말한다."

외깨인이 라면을 한입 후루룩 먹으면서 말한다.

"각 지점이 오르락내리락 하는 것을 진동이라고 불러."

이번에는 한별이 한입 후루룩.

"또한 파동을 만드는 물질을 매질이라고 한다."

외깨인이 한입 후루룩.

한별이 깍뚜기를 라면 국물에 떨어뜨리자, 라면 국물 위에 파동을
일으킨다.

"이 파동의 매질은 국물이다."

한별이 라면의 국물마저 마셔 버린다.

"너무해요! 설명하는 척하면서 다 먹어 버리네."

수희는 얼른 다른 냄비의 라면을 자기 앞으로 가져온다. 그런데 이게 뭐람. 이번 라면은 면들이 덜 익었다.

수희가 속상한 마음에 울음을 터뜨리자 외깨인이 수희를 달래며 말한다.

"이 라면은 면발이 고불고불하지. 파장이 짧아졌다는 뜻이다. 그만큼 큰 에너지를 가지고 있어서 먹기 힘들지. 큭큭."

수희의 화가 폭발하고, 한별과 외깨인은 재빨리 도망간다.

"이제 다시 도플러 효과에 대해 알아보자. **관측자로부터 멀어지는 파동은 파장이 길어지고, 가까워지는 파동은 파장이 짧아진다는 것이 도플러 효과다. 그런데 소리는 파장이 짧아질수록 높은 음이 되므로 구급차가 가까이 올 경우 구급차의 소리가 더 크고 높게 들리게 된다."**

"맞아요. 아저씨, 빛도 파동이므로 도플러 효과가 난다고 들었어요."

"그래, 빛도 도플러 효과가 있어서 그걸 이용하여 별의 이동 속도를 구할 수 있다."

하지만 아직 수희와 한별의 논쟁은 끝나지 않았다. 우주가 끝없이

속도로 우주의 거리를 구하라!

무한한지, 끝이 있는 유한인지에 대한 의견이다.

외깨인이 한별과 수희에게 먼 우주 공간을 쳐다보라고 한다.

"지구에서 밤하늘을 보면 왜 어두울까?"

외깨인이 한별과 수희에게 물어본다. 아이들은 아무 말도 하지 못한다. 너무 당연한 거니까. 그것을 짐작한 외깨인.

"세상 이치에 당연한 것은 없다. 작은 의문에 무한한 진리가 담겨 있거든."

만일 우주가 무한하다면 우주는 무한히 많은 별을 가질 것이다. 그렇다면 어느 방향을 보든지 적어도 하나의 별을 보게 된다.

외깨인은 어두운 우주 공간을 가리키며 말한다.

"그렇다면 이상하잖아. 모든 방향에 별빛이 있다면 밤하늘이 어두울 리가 없잖아. 안 그래?"

수희와 한별은 아리송하다.

"하하하, 이렇게 아리송한 상태를 '역설'이라고 하지. 이 질문을 처음 던진 과학자가 올베르스(H. W. Olbers, 1758~1840년)다. 그래서 그의 이름을 따서 '올베르스의 역설'이라고 부른단다."

외깨인의 설명에 수희가 반가워하며 말한다.

"수학에서도 그런 역설이 있어요."

"그래? 그게 뭔데?"

한별이 묻는다.

5. 우주는 끝이 있을까

"어떤 사람이 '난 거짓말을 했어.'라고 말할 때 그의 말은 옳은 것인지, 아니면 옳지 않은 것인지 알 수가 없어. 만일 그의 말이 옳으면 그는 거짓말을 한 것이고, 그의 말이 옳지 않으면 그는 옳은 말

참(옳은 것)이라고 말하거나 거짓(옳지 않은 것)이라고 말하거나 모두 이치에 맞지 않아서 참이라고도 거짓이라고도 말할 수 없는 모순된 문장이나 관계를 '패러독스(paradox)' 또는 '역설'이라고 해.

속도로 우주의 거리를 구하라!

을 하는 셈이 되는 거야. 이렇게 옳지 않은 것처럼 생각되어도 실제로는 옳고, 옳은 것처럼 생각되어도 실제로는 옳지 않은 경우가 있어. 이와 같이 참(옳은 것)이라고 말하거나 거짓(옳지 않은 것)이라고 말하거나 모두 이치에 맞지 않아서 참이라고도 거짓이라고도 말할 수 없는 모순된 문장이나 관계를 '패러독스(paradox)' 또는 '역설'이라고 해."

수희의 거침없는 말에 한별은 깜짝 놀란다. 아리송했지만 수희가 말하는 것은 뭔가 굉장하게 느껴진다.

"올베르스의 역설은 우주가 유한한가, 무한한가에 대한 논쟁을 불러 일으켰다."

외깨인이 설명을 이어가려고 할 때 갑자기 우주선 안이 정전이 된다. 뭔가 일이 터진 것이다.

한별은 서둘러 촛불을 밝힌다.

"으악 귀신이다."

수희의 비명이다. 정말 귀신인지 누군가가 나타난다.

"귀신이면 물러가고 사람이면 말해라."

두 귀신은 머뭇거리다가 말한다.

"귀신인 것 같기도 하고 아닌 것 같기도 해. 나는 오래전에 죽은 과학자 케플러야."

"그리고 나는 올베르스고. 큭큭큭. 놀라게 했다면 내가 사과할게."

올베르스
(H. W. Olbers, 1758~1840년)

독일의 천문학자. 처음에는 의료 상회를 경영하였으나, 뒤에 천문학에 뜻을 두고 혜성을 발견하여 천문학의 권위자가 되었다. 6개의 혜성과 2개의 소행성을 발견한 뒤, 혜성 궤도의 요소를 결정하는 편리한 법칙을 만들었다. 별의 수는 무한하지만 먼지 때문에 하늘이 어둡게 된다고 믿었다.

케플러
(J. Kepler, 1571~1630년)

독일의 천문학자. 튀빙겐 대학교에서 철학을 배우고 신학을 공부하다가 천문학 교수가 되었다. 그는 화성의 운동에 관하여 연구하여 화성의 공전 궤도를 결정할 수 있었고, 그 타원 궤도의 성질을 연구하다가 다른 혹성들도 같은 타원 궤도 위를 돌고 있음을 확인하여 유명한 '케플러의 법칙'을 세우게 되었다.

속도로 우주의 거리를 구하라!

놀란 한별과 수희가 멍하니 바라보거나 말거나 케플러와 올베르스는 말싸움을 한다. 자기들끼리.

"우주가 유한하기 때문에 밤하늘이 어두운 거라고."

케플러가 주장한다.

"왜 그런데? 이유를 대 봐!"

올베르스가 따진다.

케플러는 시커먼 판을 하나 들고 와서 한별이 보고 들고 있으라고 한다.

"내 말 잘 들어. 밤하늘이 어두운 건 우주의 경계가 이렇게 검은 벽으로 둘러싸였기 때문이야. 그리고 그 밖에는 아무 물질도 없어. 알겠니?"

이때 또 다른 과학자 귀신이 등장한다.

"당신은 또 누구요?"

외깨인이 묻는다.

"응, 나는 ★ 핼리혜성을 발견한 것으로 유명한 핼리!"

★ 핼리혜성
타원 궤도를 그린다는 것이 밝혀진 최초의 혜성

한별은 어쩌다가 자기들의 우주선이 귀신들 천지가 되었는지 의문이다. 우주라는 곳은 너무나 넓은 곳이라 어떤 일이 일어날지 감히 누가 장담할 수 없다.

핼리
(E. Halley, 1656~1742년)

영국의 천문학자. 어릴 때부터 수학과 천문학에 흥미를 느꼈다.
혜성이 주기적으로 타원 궤도를 그리며 운동한다는 사실을 확인하였다. 또한 금성이 태양의 곁을 지날 때 태양의 시차를 결정하는 방법을 발견하는 등 천문학의 발달에 공헌하였다.

핼리가 케플러를 향해 말한다.

"밤하늘이 어두운 이유는 먼 곳에서 온 별빛이 너무 희미하여 우리 눈으로 볼 수 없기 때문이야."

외깨인이 핼리의 생각이 맞는 것 같다며 편을 들어 준다.

"실제로 별빛의 세기는 지구로부터의 거리의 제곱에 반비례하기 때문에 아주 먼 곳에 있는 별빛의 세기는 아주 작지. 따라서 우리 눈에는 안 보일 수도 있어."

하지만 이번에는 한별이 핼리의 생각에 반대하고 나선다. 언젠가 과학책에서 읽은 기억이 났기 때문이다.

속도로 우주의 거리를 구하라!

5. 우주는 끝이 있을까

"그렇지 않아요. 핼리 아저씨의 말대로 먼 곳의 별빛이 약해지는 것은 사실이지요. 하지만 아무리 희미한 별빛이라도 모든 방향에서 빛이 온다면 모든 곳이 밝아질 수밖에 없어요."

올베르스는 한별의 생각이 옳다고 한다.

"그럼 결론은 뭐지?"

수희가 좀처럼 알 수 없다는 말투로 말한다.

올베르스는 수희에게 말한다.

"정답은 ★ 우주 지평선에 있어. 우주는 태초로부터 계속 팽창해 지금의 크기가 되었거든. 지금 우주의 나이는 약 140억 살이지. 그래서 우주의 나이만큼 빛이 갈 수

★ 우주 지평선
우주에서 빛이 다 다른 곳까지의 경계선

있는 거리는 약 140억 광년. 그러므로 이 거리보다 더 멀리 떨어진 곳, 다시 말해 **우주 지평선 너머에 있는 별에서 나오는 별빛은 아직까지 지구에 오지 않았어.** 즉 오고 있는 중이지."

"그래서 우주는 아직 팽창중이라고 할 수 있는 거구나."

외깨인이 고개를 끄덕이며 말한다.

"그래서 아직 우주가 끝이 있는 유한인지 끝이 없는 무한인지 정확히 결론이 나지 않은 상태라는 거구나. 정말 우주는 광활하고 신비한 곳이야."

수희는 이제 정말로 우주의 매력에 푹 빠진 듯 말한다.

속도로 우주의 거리를 구하라!

그렇게 결론이 나지 않은 채 이야기는 마무리되고, 우주에서 나타
난 지구의 과학자 귀신들은 물러갔다. 참 어이가 없다.

"왜 나타난 거야. 결론도 없이."

"하하하, 하여튼 우주가 팽창한다는 사실은 알았잖아."

한별 일행은 지금까지의 여행에서 얻은 정보를 바탕으로 각자의
생각을 정리하며 하루를 마무리한다.

✦✦ 우주 퀴즈 5

'패러독스'라는 말은 무슨 뜻일까요?

속도로 우주의 거리를 구하라!

6 우주의 팽창

"우주는 계속 팽창하고 있어."

"아니야. 우주는 원래 커서 그대로인 거야."

한별과 수희가 팽팽히 맞선다.

이때 우주선에 경고음이 요란하게 울린다. 또 무슨 일이 발생한 것일까? 놀란 수희와 한별이 외깨인에게 달려간다.

"앗, 이럴 수가!"

"아저씨, 무슨 일이에요?"

"연료가 다 떨어진 것 같아."

우주선에 연료가 떨어지다니 큰일이다.

'삐삐삐!'

경고음이 더욱 크게 울리자 외깨인이 당황하여 말한다.

"아무래도 불시착하여 연료를 보충해야 할 것 같아. 그러려면 여기가 어느 지점인지 우주 좌표를 통해 알아봐야지."

수희의 순간 포착 능력은 위기 상황에서도 계속된다.

좌표란?

수직선이나 좌표평면 위에 대응하는 점의 위치를 나타내는 수 또는 두 수의 순서쌍이다.

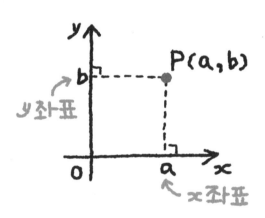

외깨인이 우주 좌표를 통해 위치를 알아본 결과 그들이 불시착하게 될 별은 아인슈타인별이다.

속도로 우주의 거리를 구하라!

아이들은 아인슈타인별에 불시착한다니 좀 안심이 되는 표정이다. 아인슈타인은 많이 들어 본 과학자의 이름이기 때문이다.

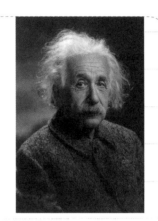

아인슈타인
(A. Einstein, 1879~1955년)

독일에서 태어난 미국 이론 물리학자. 〈특수 상대성 원리〉, 〈일반 상대성 원리〉, 〈브라운 운동 원리〉, 〈광양자설(빛이 에너지 덩어리로 되어 있다.)〉 등을 발표하였다. 미국의 원자폭탄 연구인 맨해튼 계획의 시초를 이루었으며, 1921년에 노벨 물리학상을 받았다.

우주선이 아인슈타인별에 불시착하여 보니 주유소가 하나 있다. 이게 웬 떡이냐면서 외깨인이 우주선에 주유를 하려고 할 때 누군가 나타난다.

"왜 남의 주유소에서 허락도 없이 주유를 하려고 하느냐?"

앗! 아인슈타인이다.

"아, 죄송해요. 우주선에 연료가 다 떨어져 너무 급한 나머지 허락도 없이……."

"기름 값은 있나?"

"기름 값이오? 없는데요."

"그럼 돌아가. 난 자선 사업가가 아니라고!"

"할아버지, 제발 우리를 우주의 미아로 만들지 말고 기름을 좀 넣게 해 주세요."

수희가 부탁하자 아인슈타인이 생각에 좀 잠기더니 다음과 같은 제안을 한다.

"그럼 나랑 과학 상식 대결을 해서 이기면 기름을 넣게 해 주마."

"과학 상식 대결요?"

속도로 우주의 거리를 구하라!

선택의 여지가 없다.

"주제는 뭔가요?"

한별이 묻는다.

"우주가 팽창하는가, 멈춰 있는가에 대한 이야기다."

아니, 이 문제는 아직 완전히 해결된 문제가 아니지 않는가. 그리고 우주의 모양에 대해 이야기한 사람은 아인슈타인 자신이다.

아인슈타인이 말한다.

"나는 우주가 팽창하지도, 수축하지도 않는다고 본다. 그런데 내 이론은 잘못된 것으로 밝혀졌어. 그 이유를 너희가 말해 주면 돼."

한별이 나서서 말한다.

"아저씨의 주장은 프리드만(A. Friedmann, 1888~1925년)과 르메트르(G. Lemaitre, 1894~1966년)가 잘못된 것이라고 밝혔어요."

"한별이라고 했나. 꼬마가 대단한데?"

"그럼, 좋아. 프리드만과 르메트르의 주장은 어떤 방식이었지?"

우주과학을 좋아하는 한별은 책에서 읽은 기억이 났다.

"예, 그 아저씨들은 우주가 팽창하기도 하고 수축하기도 한다고 했지요."

"좋아, 그럼 그 아저씨들의 주장이 맞다고 한 법칙이 뭔지 맞혀 봐."

갑자기 한별이 웃기 시작한다.

"하하하. 그 문제는 허벌나게 쉬워요."

"뭐라, 허벌나게 쉬워?"

"네, '허블의 법칙'이에요. 어제 우주선에서 읽었어요."

허블의 법칙

허블의 법칙은 외부 은하가 파장이 긴 쪽으로 움직이는 적색 편이를 일으키는 것으로 보아 우주는 팽창중이라는 이론이다.

허블은 은하의 스펙트럼선들이 원래의 파장에서 적색 쪽(긴 파장 쪽)으로 이동하는 것(적색 편이)을 알아냈다. 긴 파장 쪽으로 이동한다는 것은 은하가 멀어지고 있다는 의미이다. 또한 모든 은하가 멀어지고 있다는 것은 우주가 팽창하고 있다는 증거이다. 먼 은하일수록 적색 편이량은 커지고 빠른 속도로 멀어진다. 즉 은하까지의 거리가 멀수록 멀어지는 속도가 빠르다.

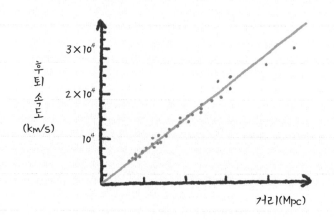

속도로 우주의 거리를 구하라!

"대단한 녀석들이다. 좋아. 우주선에 기름을 넣어도 좋아. 하지만 마지막으로 내가 내는 수학 문제를 맞혀야 해."

수학 문제라니까 한별이 슬며시 뒤로 물러난다. 하지만 수희가 우주선에 넣을 기름을 얻기 위해 비장한 각오로 나선다.

"아주 똘똘하게 생긴 학생이구나. 내가 내는 문제를 맞혀 보련?"

"예."

"그래, 너희가 넣는 기름의 단위를 물어보는 문제다."

수희는 부피, 들이, 무게 사이의 관계에 대한 문제를 낼 것이라고 짐작한다. 수희의 예상이 맞는다.

"컵 안에 채워진 물의 부피는 컵의 들이와 어떤 관계가 있지?"

수학자들은 1mL는 한 모서리의 길이가 1cm인 정육면체의 부피 (1cm³)와 같음을 약속했다. 즉,

$$1mL = 1cm^3$$

한별은 수학 문제라는 소리에 바짝 긴장을 했다. 학교에서 이 단원 시험을 볼 때 많이 틀렸던 기억이 났기 때문이다.

수희는 한별을 진정시킨다.

"걱정 마. cm³를 mL로 바꿀 때에는 수는 그대로 쓰고, 단위만 바꾸면 되거든. 그러니까 1cm³ = 1mL, 10cm³ = 10mL와 같이 cm³와

mL의 관계는 단위만 달라져."

"그럼 문제를 낼까?"

한별이 아인슈타인을 말린다.

"잠깐만요. 수희에게 물어볼 게 있으니 참견 말고 가만히 계세요.
어른이 아이들 이야기하는 데 끼어들고 그러면 안 돼요."

이거 완전 이상한 경우가 되었다.

아인슈타인은 멀뚱히 그들의 대화를 듣고 있을 뿐이다.

한별이 수희에게 물어본다.

"그럼, 1,000cm³은 몇 L일까?"

"한별아, 잘 들어."

아인슈타인이 끼어들려고 하자 한별이 단호하게 말한다.

"아저씨는 좀 빠지세요. 우리끼리의 문제예요."

"1,000cm³＝1,000mL이고, 1,000mL는 1L이니까 1,000cm³＝1L가 돼."

"그래, 수희의 말이 맞다."

"아저씨! 제발!"

한별이 말한다.

"그러니까 다시 정리해 보면

속도로 우주의 거리를 구하라!

$1,000cm^3 = 1,000mL = 1L$ 라는 뜻이구나."

"그래, 한별이 정확히 알게 되었구나."

또다시 아인슈타인이 그들의 대화에 끼어들자 노려보는 한별이. 이번에는 아인슈타인이 화를 버럭 낸다.

"이 녀석이 보자 보자 하니까 버릇이 너무 없네. 그리고 내가 내려고 한 문제를 너희가 다 풀었으니 어서 기름이나 넣고 내 별에서 떠나거라!"

키키. 이리하여 한별 일행은 아인슈타인별에서 기름을 넣고 또다시 우주여행을 떠나게 되었다.

하지만 그들은 아직 우주 팽창설에 대해 확실히 알게 된 것은 아니다. 그들이 우주여행을 통해 반드시 확인해야 할 문제이다.

외깨인이 풍선을 하나 들고 온다.

수희는 웬 풍선이냐며 즐거워한다. 우주여행은 신나는 여행이라고 생각하기 쉽지만, 엄청나게 먼 거리의 여행은 거의 대부분이 따분할 수밖

에 없다. 그러니 풍선 하나가 너무 반가울 수밖에.

수희와 한별이 동시에 묻는다.

"아저씨, 웬 풍선이에요?"

외깨인은 심각한 표정을 지으며 말한다.

"앞으로 일어날 일에 대한 대비다. 너희들 내 말 잘 들어야 해."

한별은 풍선 놀이에 웬 심각한 표정과 말투일까 하며 의아해한다. 앞으로 무슨 일이 터질 것 같은 느낌을 외깨인은 미리 짐작하고 있는 것이다.

"너희, 앞에서 우주가 팽창하고 있다는 것을 배웠지?"

"네. 아인슈타인 아저씨는 우주는 정지해 있다고 했고요."

"그래. 하지만 아직도 완전히 결론이 난 것이 아니란다. 그 문제로 우주의 한 공간에서는 격렬한 전쟁이 일어나고 있어."

"그래요?"

"그렇지. 지구에만 살고 있는 너희에게는 우주가 팽창하든 정지하든 큰 문제가 아닐 수 있지만, 우리 같은 외계인에게는 그게 엄청난 문제다."

옛날, 지구에서도 바다를 따라 계속 가면 끝이 있다고 믿었던 적이 있다. 콜럼버스가 세계 일주 항해를 하기 전까지는 모두들 그렇게 믿고 있었다. 지금은 우주 시대, 우주에 살고 있는 외계인들도 과연 우주의 끝이 있는지 없는지에 대한 고민을 옛날 지구인들처럼

속도로 우주의 거리를 구하라!

하고 있었던 것이다.

"그런데 외깨인 아저씨, 풍선은 왜 들고 온 거죠?"

"아 참, 너희에게 허블의 우주 팽창에 대해 간단히 설명해 주려고 가져왔단다."

외깨인은 풍선을 불기 전에 풍선에 까만 점을 두 개 칠한다. 점과 점 사이는 그리 멀지 않다. 그리고 풍선을 불기 시작한다. 풍선이 부풀자 자연히 점과 점 사이가 점점 멀어진다.

점과 점 사이가 점점 멀어지네!

"점과 점 사이가 멀어졌지?"

"당연한 거 아닌가요."

한별이 말한다.

"점을 은하라고 생각하면 풍선이 커지면서 두 점이 멀어지듯이 은하와 은하 사이의 거리가 멀어지는 것이 우주 팽창의 증거가 된다."

외깨인이 풍선에서 바람을 빼자 풍선은 '피식' 하면서 날아간다.

"이제 허블의 법칙에 대해 알아볼 거야. 잘 들어."

외깨인이 홀로그램 장치의 버튼을 누르자 '착, 착, 착' 하고 은하네 개가 1m 간격으로 늘어선다.

"자, 네 개의 은하다."

외깨인은 2초 동안 은하들 사이의 거리를 2m가 되게 했다.

"2초 동안 은하들 사이의 거리가 2배로 늘어났어. 이것은 바로 우주의 크기가 2배로 커진 것을 의미한다."

이렇게 하기 위해 첫 번째 은하는 제자리에 있었고, 두 번째 은하는 1m를 움직였고, 세 번째 은하는 2m를, 네 번째 은하는 3m를 움직인 셈이다.

은하들은 2초 동안 이 거리를 움직였으므로 이로부터 은하들의 속력을 알 수 있다고 한다.

수희가 자신 있다면서 계산을 했다.

"수희야, 두 번째 은하의 속력을 구해 봐."

속도로 우주의 거리를 구하라!

"네."

수희는 '거리＝속력×시간'이라는 식을 먼저 떠올렸다. 수희는 이 공식을 기억하는 데 '거 속 시원한 방법이 없을까?'라는 암기 비법을 사용하다

수희는 컴퓨터를 작동시켜 다음과 같은 칸막이 공식을 끄집어낸다. '위잉' 하면서 나타나는 공식 표. 이 공식 표에 수만 넣으면 자동으로 계산된다.

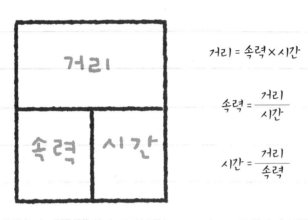

$$거리 = 속력 \times 시간$$

$$속력 = \frac{거리}{시간}$$

$$시간 = \frac{거리}{속력}$$

수희는 아무 어려움 없이

"첫 번째 은하가 1m 움직였으니, 거리라고 쓰여 있는 곳에 1을 대입."

그러자 거리라고 쓰인 칸에 1이 대신 쓰인다. 수학에서는 대신 쓴 다는 것을 '대입'이라고 말한다.

그다음 두 번째 은하가 2초 동안 움직였으니 시간이라고 쓰인 칸 에 2를 넣는다. 그러자 컴퓨터는 순식간에 답을 말한다.

"초속 0.5m."

속력이 $\frac{1}{2}$ 이니 당연히 소수로는 0.5가 되는 것이다.

옆에 있던 한별도 이 프로그램만 있으면 자신도 세 번째 은하의 속력을 계산할 수 있다고 말한다. 재미있을 것 같거든.

그래서 세 번째 은하의 속력 계산은 한별에게 맡기기로 했다. 한

속도로 우주의 거리를 구하라!

별이 화면에 손끝을 대고 이리저리 움직인다.

"2m를 움직였으니 거리에 2를 입력하고, 시간은 2초가 걸렸으니 역시 시간에 2를 입력하자."

$\frac{2}{2}$는 약분되어 1이 된다. 그렇다. 세 번째 은하의 속력은 초속 1m가 된다.

이거 정말 재밌다면서 네 번째 은하의 속력 계산도 한별이 맡는다.

이제 약간의 수학적 규칙성을 느끼는 한별이. 시간은 무조건 2로 분모에 2라고 입력하면 된다. 시간의 자리에 2가 입력되고 네 번째 은하의 움직인 거리는 3m다. 그렇다면 생각할 이유도 없다.

분자에 3을 입력하자. 왜 분자 자리냐면 아까 그 화면상에서 거리는 분자 지역에 위치해 있기 때문이다. 나머지 계산은 컴퓨터가 해 줄 것이다. '위잉……'

$\frac{3}{2}$ 깔끔한 형태의 분수다. 하지만 한별은 이런 상태의 답을 원하지 않았다. 한별이 한 번 더 화면을 손끝으로 터치하자 $\frac{3}{2}=1.5$라고 소수로 나타내 준다.

"그럼, 그래야 착한 컴퓨터지. 네 번째 은하의 움직임은 초속 1.5m다."

한별은 가슴에 힘을 주며 자랑스럽게 외친다.

"한별아, 여기서 뭔가 느끼는 점이 없니?"

외깨인이 한별에게 묻는다.

"뿌듯해요."

"헉! 그런 거 말고. 수학식을 통해서 뭔가 느끼는 것 말이야."

한별은 외깨인이 무슨 말을 하는지 이해가 되지 않는다.

'느끼긴 뭘 느낀다는 거야. 도대체.'

하지만 수학을 잘하는 수희는 벌써부터 뭔가를 느끼고 있었다.

두 번째 은하까지의 거리는 1m, 세 번째 은하까지의 거리는 2m, 네 번째 은하까지의 거리는 3m. 그리고 이번에는 속력의 움직임을 느끼는 수희.

두 번째 은하의 속력은 0.5m/초, 세 번째 은하의 속력은 1m/초, 네 번째 은하의 속력은 1.5m/초.

"정비례 관계다!"

속도로 우주의 거리를 구하라!

정비례란?

함께 변화하는 두 양 또는 수에 있어서, 한쪽이 2배, 3배, …로 되면, 다른 한쪽도 2배, 3배, …로 될 때, 이 두 양은 비례 또는 정비례한다고 한다. 이것을 식으로 표현하면 $y = 2 \times x$가 된다. 이와 같이 정비례의 식은 $y = a \times x$로 나타낼 수 있다.

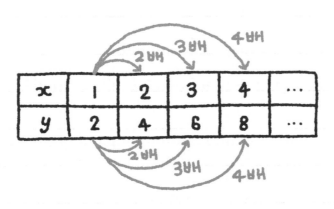

그리고 이것을 그림으로 나타내면 다음과 같다.

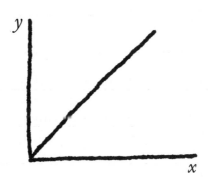

수희가 자신의 느낌을 외깨인에게 말한다.

정비례?

정비례라면 한별도 아는 듯하다. 그런데 구체적인 개념이 떠오르지 않는다.

또다시 수희의 강의를 들어야 하나 보다.

"자, 이제 드디어 허블의 법칙이 등장한 것이다."

수희와 한별은 허블이라는 말에 약간 의아해한다.

"허블은 다른 은하에 있는 별들의 밝기로부터 그 은하까지의 거리를 알 수 있었고, 그 별에서 나온 빛이 붉은색으로 변하는 속도로부터 은하가 우리로부터 멀어지는 속도를 알아내었지. 우리 외계인들도 존경하는 대단한 지구 과학자다."

외깨인은 허블을 칭찬한다. 외계인들이 존경한다는 말에 수희와 한별은 허블이 위대하게 느껴진다.

외깨인이 허공에 대고 다음과 같은 식을 쓴다.

$$V = H \times r$$

"앗, 저 식은 바로 정비례의 모습이라고 볼 수 있어요."

정비례를 알고 있는 수희가 말한다.

"그렇지. 이것은 허블이 만든 식을 설명해 준다. 식에서 V는 은하

속도로 우주의 거리를 구하라!

가 멀어지는 속도이고, r는 우리 은하로부터 다른 은하까지의 거리
다. H는 일정한 값을 가지는 수(비례 상수)인데, 허블 상수라고 해.
허블을 기리기 위해서 이름을 붙인 거지. 즉, 은하가 멀어지는 속도
는 우리 은하로부터 다른 은하까지의 거리에 비례한다."

한별이 어려워하자, 외깨인은 다른 은하에 있는 별들의 밝기로부
터 그 은하까지의 거리를 알 수 있고, 그 별에서 나온 빛이 붉은색

으로 변하는 속도로부터 그 은하가 우리로부터 멀어지는 속도를 알
수 있다고 말한다.

수희와 한별이 허블의 식을 이해하는 동안 우주의 한편에서는 우
주 전쟁이 벌어지고 있다.

외깨인은 귓불에 미세한 통증을 느낀다. 외깨인은 다가올 위험을
감지하는 능력이 있다.

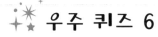

우주 퀴즈 6

허블의 법칙이 우주론에 미치는 영향은 무엇인가요?

속도로 우주의 거리를 구하라!

7 우주 전쟁, 스타워즈

　　수희와 한별은 우주여행의 따분함을 달래기 위해 '우주 전쟁'이라
는 게임을 하고 있다. 오락에 빠진 아이들의 집중력은 그 어떤 것보
다 강하다.

　　수희와 한별이 하는 오락은 단순한 게임성 오락이 아니라 우주의
상식을 넓혀 주는 게임이다. 게임 내용은 단순하다. 화면에 우주에
대한 과학 상식 문제가 뜨고 그 정답을 맞히면 점수가 쌓이는 경기
로, 많은 점수를 획득한 축이 이긴다.

　　"우주에 가면 키가 커진다?"

　　"그렇다."

　　'딩동댕!'

딩동댕!

YES NO

실로폰 소리와 함께 이 질문에 대한 설명이 나온다.

우주에서는 중력의 영향을 받지 않아 척추가 느슨해지기 때문에 키가 3~5cm 정도 커진다고 한다. 하지만 다시 지구로 돌아오면 원래대로 작아진다.

한별은 우주에서는 키가 커진다는 사실에 눈이 번쩍 뜨인다. 현재 수희와 한별 모두 키가 커진 상태일 것이다.

속도로 우주의 거리를 구하라!

"우주에도 바람이 분다?"

"아니다."

'땡!'

흐림, 비, 눈, 안개, 태풍 등 지구의 기후 현상은 지구상에 대기와 물이 있기 때문에 일어나는 자연 현상이다. 그렇다면 우주는 진공 상태니까 날씨 같은 게 있을 리 없다고 생각하는 사람도 있을 것이다.

그러나 인류는 이미 '우주 기상 예보'를 실시하고 있다. 우주 기상 예보의 관측 대상은 바로 태양 바람이다. 그래서 우주에서도 바람이 분다고 볼 수 있다.

"지구의 생물이 혜성에서 왔다?"

"아니다."

'땡!'

옛날부터 혜성은 오랫동안 '불길한 별'로 여겨졌다. 그러나 최근 몇몇 과학자들은 혜성이야말로 지구를 생명의 땅으로 만들어 준 고마운 존재라고 발표했다.

먼 옛날 혜성이 우주의 여러 물질들을 품은 채 지구로 떨어졌다. 이때 혜성에는 생명의 기초가 되는 여러 가지 물질들이 함께 들어 있어서, 이 물질들이 서로 섞이며 수많은 생명이 탄생할 수 있었다는 것이다.

'쿵!'

아이들이 오락에 집중하고 있을 때 우주선이 심하게 흔들리기 시작하고, 우주선에 비상등이 들어온다. 우주선 바깥에 뭔가 일이 벌어진 것이다.

외깨인이 슈퍼모니터를 켜 보니 두 종류의 우주 비행기들이 서로 광선을 쏘아대며 싸우고 있다.

수희와 한별은 이 장면이 오락인 줄 알고 신이 난다. 하지만 지금

속도로 우주의 거리를 구하라!

모니터에 보이는 우주 비행기의 전투 상황은 실제 상황이다.

쿵! 무차별로 발사되는 우주 비행기의 공격에 한별이 일행의 우주선도 맞았다. 두 번째, 세 번째 긴급 등에 불이 연속으로 들어온다.

광선이 우주선에 정통으로 맞았는지 우주선의 몸체가 심하게 흔들리며 갑자기 떨어지는 느낌이 든다.

이때 뭔가에 우주선이 받쳐지는 듯하다. 무엇인가에 인양되는 느낌을 알아챈 외깨인.

"누군가가 우리 우주선을 끌고 가는 것 같다."

그렇다. 충격으로 방향을 잃은 우주선을 어느 쪽인지 모르겠지만 잡아가는 것이 틀림없다.

우주선 안은 전력 공급이 일부 정지되어 캄캄하다.

"무서워요. 외깨인 아저씨, 무슨 일일까요?"

수희는 공포에 질려 있다.

한별이 촛불을 켠다.

그렇게 얼마 동안의 시간이 흘렀다.

우주선에 전력이 다시 공급된다. 누군가 우주선에 전력을 공급해 준 것이다. 그리고 일행들 모두가 느끼고 있다. 무언가에 외해 움직이던 우주선이 멈추었다는 것도.

우주선의 문이 자동으로 열리며 누군가 들어온다.

문을 열고 들어온 사람은 다름이 아닌 프리드만과 르메트르이다.

프리드만
(A. Friedmann, 1888~1925년)

러시아의 물리학자이자 수학자. 어린 시절을
상트페테르부르크에서 보내고, 페름 주립대
학교 교수가 되었다.
1924년 팽창하는 우주를 다루는 프리드만
방정식을 도입하였다.

르메트르
(G. Lemaitre, 1894~1966년)

벨기에의 가톨릭 사제이자 과학자.
빅뱅에 의한 팽창 우주론을 최초로 주장한
과학자이다. '우주는 팽창하고, 이러한 팽창
을 거슬러 올라가면 태초의 시공간에 도착한
다.'고 하였다.

프리드만이 말한다.

"너희는 우주가 가만히 있는다고 믿느냐, 아니면 팽창한다고 생
각하느냐?"

속도로 우주의 거리를 구하라!

갑작스러운 질문에 당황했지만 광선총을 들고 있는 그들에게 대
답하지 않을 수 없었다.

수희는 우주는 원래대로 가만히 있다고 말했고, 한별과 외깨인은
우주는 팽창한다고 말했다.

"저 여자아이를 감옥에 가두어라."

프리드만의 명령에 영문도 모른 채 수희는 감옥에 갇히게 되었다.
하긴 감옥에 갇히나 안 갇히나 잡혀 있기는 마찬가지다. 단지 수희
와 떨어져 있는 한별의 마음이 아플 뿐이다. 혼자 있게 된 수희는

177

더욱 무서울 것이다.

지금 우주는 정지와 팽창의 두 이론으로 나뉘어 우주 전쟁을 펼치고 있었던 것이다. 우리를 잡아 온 쪽은 우주는 팽창하고 있다는 '빅뱅 우주론'을 주장하고 있고, 다른 쪽은 우주는 정지해 있다는 '정상 우주론'을 주장하는 집단이다. 그러니 우주가 정지해 있다는 수희가 미울 수밖에……

외깨인이 한별에게 다시 말해 준다.

"정상 우주론은 우주는 변하지 않는다고 주장하는 이론이고, 빅뱅 우주론은 우주는 지금도 팽창한다고 주장하는 이론이다. 지금 이들 이론을 주장하는 집단 사이에 전쟁이 일어난 거지."

인간은 원래 자신과 다른 주장이나 종교 때문에 무수히 많은 전쟁을 일으켰다. 역사적으로 보면 그 사실을 알 수 있다. 예를 들어 ★ 종교전쟁 같은 것.

우주의 한 공간에서도 이런 이유로 전쟁이 일어나고 있다고 생각하니 한별의 마음이 참 무겁다.

프리드만이 다시 나타난다.

"여러분이 알고 있듯이 우리 우주는 약 140억 년 동안 계속 팽창하고 있다. 안 그런가?"

대답 한마디에 어떻게 될지 모르는 상황이니 한별과 외깨인은 말을 할 수가 없다.

★ **종교전쟁**
넓은 의미로는 종교에 관련되어 일어난 모든 전쟁을 말하나 특히 16세기 후반에 유럽에서 일어난 신교와 구교의 대입으로 시작된 일련의 전쟁을 가리킨다.

속도로 우주의 거리를 구하라!

프리드만의 이야기는 계속된다.

"우리 우주의 처음 모습은 아주 간단했어. 현재 우리 은하와 안드로메다 은하가 점점 멀어지고 있으니까, 시간을 거꾸로 돌리면 은하들 사이의 거리가 점점 가까워진다."

프리드만은 허공에 하나의 점을 찍는 행동을 과장되게 보이며, 그 당시 모든 은하들이 붙어 있는 하나의 점이었다고 강조한다.

"초기의 우주는 크기가 아주 작은 곳에 많은 물질이 모여 있다 보니 상상할 수 없을 정도로 뜨겁고 압력이 높은 상태였지."

프리드만이 자신이 찍은 점을 터뜨리자, 대폭발을 일으킨다.

"그렇다. 이처럼 우주는 폭발로 인해 커다란 우주가 된 것이다."

초기에는 모든 은하들이 붙어 있는 하나의 점이었다.

그 주장에 따르면 우주가 한 점에서 폭발해 현재 우주의 크기로 커졌다고 한다. 이것이 바로 '빅뱅 이론'이다.

그는 우주 초기의 뜨거운 온도가 ⭐ 핵융합을 하기에 좋은 조건이라고 한다.

"그러니까 이 시기에 많은 원자핵들이 만들어졌겠지. 그리고 우주가 팽창하면서 온도가 내려가 전자들이 핵 주위를 돌게 된 것이고, 그로 인해 많은 원자들이 생긴 거라고 볼 수 있어."

프리드만의 설명에 한별이 빅뱅 이론을 조금씩 이해하기 시작한다. 외깨인이 다시 한별이에게 이야기를 정리해 준다.

빅뱅 이론은 우주가 아주 뜨거운 한 점에서 '뻥!' 하고 터지는 우주 팽창으로 지금의 우주 크기가 되었다는 것이다. 그러면서 우주는 차가워졌고, 현재 우주의 온도는 영하 270℃이다.

"뭐, 한 점에서 우주가 시작되었다고? 믿기지가 않……."

이때 외깨인이 한별의 입을 막는다. 프리드만은 한별을 노려본다. 프리드만의 주장에 반기를 들면 수희처럼 갇히게 될 것이다.

하지만 프리드만 역시 지구에서 살았던 과학자라 그런지, 지구인인 한별에게 우주 탄생 시나리오를 들려준다.

"우주의 크기가 완성되는 데에는 그리 오랜 세월이 걸리지 않았어."

속도로 우주의 거리를 구하라!

프리드만은 우주 탄생을 시간대별로 말해 준다.

시간이 0초일 때, 우주의 처음 크기는 10^{-34}cm였다. 이때 한별이 프리드만에게 10^{-34}가 어느 정도의 크기인지 모르겠다고 한다. 그러자 프리드만이 아주 난감해한다.

외깨인이 나서서 수학을 잘하는 수희를 데려오면 10^{-34}cm를 한별에게 이해시킬 수 있다고 말한다. 그래서 하는 수 없이 프리드만은 수희를 데려오기로 한다. 수학을 잘하면 이런 경사스러운 일이 생겨나는 거다.

수희가 한별에게 10^{-34}cm를 가르쳐 준다.

10^{-34}은 '10의 마이너스 34승'이라고 읽는다. 10^{-34}이 어렵다면 10^{-1}(10의 마이너스 1승)부터 생각해 보자. 10^{-1}은 $\frac{1}{10}$을 의미한다. 즉, 10^{-1}cm는 $\frac{1}{10}$cm를 말한다.

"그 크기가 아주 작아지지."

한별이 이해하는 눈치를 보이자 수희가 점점 설명을 더해 간다.

10^{-2}은 분수로 고치면 $\frac{1}{100}$이 된다. 10 위에 2가 붙어 있으면 1 다음에 동그라미를 2개 붙이면 된다.

"1cm를 100으로 나누면 얼마나 작아지겠니. 하여튼 마이너스가 붙으면 엄청 작아진다고 생각하면 돼."

이제 한별은 어느 정도 이해하게 된다. 프리드만은 수희에게 고맙다는 인사를 한다.

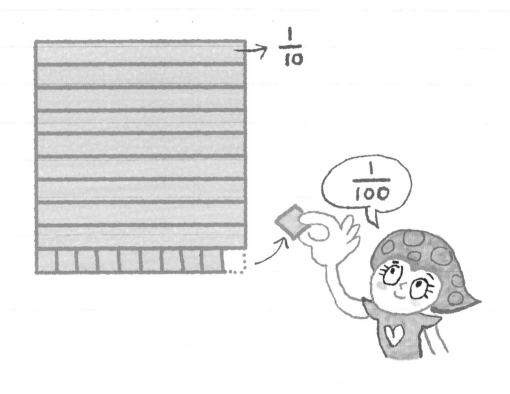

"우와, 그렇다면 10^{-34}cm는 얼마나 작다는 거야."

한별이 놀라 자빠진다.

"말도 안 돼. 우주가 그렇게 작았다는 게 말이 되나?"

"그러게."

수희가 맞장구치자 외깨인이 수희와 한별을 말린다.

자신의 주장을 반대하는 느낌이 들자 프리드만이 수희와 한별을
노려본다.

속도로 우주의 거리를 구하라!

"읍!"

입을 다무는 한별과 수희.

그렇다면 최초의 우주의 크기는

0.00000000000000000000000000000001cm

란 뜻이다.

한별과 수희는 납득할 수 없지만 프리드만의 눈치를 볼 수밖에 없다.

프리드만의 설명은 계속된다.

"우주의 시간이 10^{-43}초가 흐르고 우주는 팽창하기 시작했다. 이제 10^{-43}초가 얼마나 짧은 시간인지 수의 모양만 봐도 짐작이 가지? 이제부터가 빅뱅의 시작이다."

프리드만은 아주 뜨거운 것에 데는 흉내를 내며 말한다.

"이때 우주의 온도는 $10^{32}\,^{\circ}\text{C}$였다."

10^{32}라는 말이 나오자 한별이 또 다시 고개를 갸우뚱한다.

"수희야. 한별에게 10^{32}이 얼마나 큰 수인지 설명해 주렴."

프리드만이 말한다.

"한별아. 아까는 조그만 수에 마이너스가 붙어 있어서 수가 아주 작아졌지만, 이번에는 마이너스가 없어서 수가 아주 커진단다."

수희의 설명은 계속된다.

10^2은 10을 2번 곱했다는 뜻이니까 우리가 일반적으로 쓰는 수로 나타내면 100이 된다. 10 위에 쓰인 수만큼 동그라미를 붙여 주면 된다. 10^{10}은 10000000000처럼 1에 동그라미를 10개 붙여 주면 된다.

"한별아, 그럼 생각해 봐. 10^{32}이라면 1에 동그라미가 32개나 붙어 있는 온도니까 얼마나 뜨겁겠니?"

그러나 아직은 뜨겁기만 하고 폭발은 일어나지 않았다. 드디어 시간이 10^{-35}초가 되자 우주는 폭발을 하면서 팽창을 한다. 그 팽창 속도는 정말 굉장하다. 팽창 속도도 빠르지만, 그 크기 또한 커져 무려 10^{29}배가 된다. 다시 한 번 더 말하지만 10^{29}배는

100000000000000000000000000000배다.

수희의 설명에 한별의 입이 벌어진다. 외깨인이 말한다.

속도로 우주의 거리를 구하라!

$$10^{29} = 100000000000000000000000000000$$

"이것을 '인플레이션'이라고 하지."

외깨인의 과학적 지식에 프리드만은 흡족해 하며 경의를 표한다.

"우주는 엄청난 팽창을 했지만 그에 따라 우주는 식게 된다."

인플레이션이 끝날 때쯤 우주 온도는 10^{27}℃가 되었다.

수희는 인플레이션이라는 말에 의문을 가진다. 그러자 프리드만이 풍선을 하나 들고 와서 펌프로 바람을 넣기 시작한다. 풍선은 점점 커지다가 마침내 '펑!' 하고 터진다. 풍선 조각들이 이리저리 날아간다.

"이렇게 풍선이 터지는 것을 인플레이션이라고 해. 우주 초기의 어떤 순간에 우주가 빛보다 더 빠른 속도로 팽창했다(인플레이션 우주

속도로 우주의 거리를 구하라!

론)는 거지."

수희가 프리드만에게 따진다. 인플레이션 설명도 중요하지만 갑자기 풍선이 터지는 바람에 너무 놀랐다고 말이다. 수희가 화를 내니까 프리드만은 머쓱해한다. 여자들의 짜증은 우주에서도 통하나 보다. 하긴 한별이 역시도 놀랐으니.

어느 정도 분위기가 가라앉자 프리드만이 다시 설명을 시작한다.

이렇게 우주는 한 차례 '뻥!' 하고 터지고 난 후 빅뱅 이론에 따라 부드럽게 팽창하기 시작했다. 그리고 이 과정에서 우주의 온도는 서서히 내려갔다.

한별이 배가 고프다면서 컵라면을 끓인다. 뜨거운 물을 붓고 3분이 지났다. 이때 프리드만의 눈에서 빛이 난다. 외깨인과 수희, 한별 모두 프리드만의 눈을 쳐다본다.

"우주 탄생 후 3분은 아주 중요해. 컵라면이 다 익는 데 3분이 필요한 만큼이나 말이지."

한별이 프리드만의 눈치를 보며 라면을 한 젓가락 먹으려고 하는데 프리드만이 소리친다.

"안 돼. 3분 후에는 우주가 핵융합을 일으킨다."

깜짝 놀란 한별은 손에 힘이 빠져 라면을 놓치고 만다.

"그 후 30만 년이 지나고 우주의 온도는 4,000℃까지 내려가고, 우주는 맑게 개었지."

프리드만이 설명을 마치자, 한별의 컵라면은 팅팅 불어 맛이 없게 되었다. 한별은 라면 불은 것을 가장 싫어한다. 그러자 프리드만은 팅팅 분 라면이 우주에서 가장 맛있다면서 대신 먹기 시작한다. 화가 난다. 화가 난다.

이제 프리드만과 좀 친해진 외깨인이 우주 전쟁이 일어나고 있는 원인에 대해 물어본다.

"우리의 적은 저 과격한 정상 우주론자들이오."

"정상 우주론?"

수희가 묻자 한별이 재빨리 설명한다.

"그럼, 당신들과 싸우고 있는 상대가 호일, 본디, 골드라는 과학

정상 우주론

우주는 시작도 끝도 없이, 영원히 밀도가 일정하며 변하지 않는다고 생각하는 우주론. '정상 상태 우주론'이라고도 한다. 우주 내에서는 시간과 공간에 관계없이 우주의 모습이 항상 똑같다는 이론으로, 진화 우주론, 빅뱅 우주론(대폭발설)에 반대하는 이론이다. 1940년 영국의 천문학자 프레드 호일은 허먼 본디와 토머스 골드 등 동료 과학자와 정상 우주론을 공동 발표했다. 이 우주론에 따르면 우주는 시작과 끝이 없으며, 멀어지고 있는 은하의 틈을 채우기 위해 아무것도 없는 상태에서 새로 수소가 생겨 별이 형성된다고 한다.

속도로 우주의 거리를 구하라!

자들인가요?"

"그렇소. 그들이 우리를 먼저 공격했다오."

어떻게 이런 일이 일어날 수 있단 말인가? 옛날 지구에서 벌어진 논쟁이 이렇게 먼 우주에서 다시 재현되다니. 한별과 외깨인은 믿을 수가 없다.

혼자 갇혀 있었던 수희를 위해 한별은 빅뱅 우주론을 다시 한 번 정리해 준다.

우주가 어떻게 생겨났으며, 어떤 질서로 움직이는가에 대한 우주

빅뱅 우주론

우주가 태초의 대폭발로 시작되었다는 이론으로, 빅뱅 우주론에 따르면 우주는 오래전 거대한 폭발로 생겨났다. 처음에 우주는 상상할 수 없을 만큼 작고 밝고 뜨겁고 높은 밀도에서 시작했으나 폭발 이후 계속 커져 나가고 있다. 이 팽창 과정에서 우주 질량의 일부가 뭉쳐 별들을 만들었고, 이들 별들이 거대한 별의 집단인 은하를 이룬다는 것이 빅뱅 우주론이다. 또한 우주가 계속 팽창되기 때문에 우주의 평균 밀도는 끊임없이 줄어들어 현재와 같은 듬성듬성한 상태가 되었다고 한다. 이 우주론은 멀리 떨어진 은하일수록 우리 은하계로부터 빠른 속도로 멀어지고 있다는 사실과 '우주 배경 복사'와 깊은 관련이 있다. 이 우주론의 치명적 약점은 그 이전의 우주 상태를 제대로 설명하지 못한다는 것이다. 하지만 1981년 앨런 구스가 말한 '인플레이션 우주론'은 이 점을 다소나마 해결하였다.

론은 아주 옛날부터 있어 왔다. 또한 자연과학이 발달함에 따라 여러 가지 우주론이 나타나고 사라졌다.

과거 지구에는 우주론의 선구자들이 있었다. 그들은 다름 아닌 프리드만과 르메트르였다. 지금 한별 일행과 함께 있는 과학자들이다. 그들은 다른 사람들과는 달리 용감하게 우주가 팽창하고 있다고 주장하였지만 누구도 이들의 주장에 귀를 기울이지 않았다. 당시 대부분의 사람들은 우주는 영원하고 변함이 없다고 믿었으니까, 그럴 만도 하다.

하지만 그들의 주장은 허블이라는 과학자의 우주 관측을 통해 우주가 실제로 팽창하고 있다는 사실이 밝혀지면서 세상의 관심을 받게 된다. 심지어 정상 우주론을 믿던 아인슈타인도 팽창 우주론을 인정하게 된다.

프리드만이 손을 들고 말한다.

"우주가 과거로 돌아가서 부피가 작아지면 밀도와 온도가 올라가는 변화가 일어날 것이다. 그리고 초기의 우주는 온도가 너무 높아 무거운 원자들은 존재할 수 없었으며, 이때 생긴 수소와 헬륨이 현재 우주 질량의 대부분을 차지한다. 우주는 약 75%의 수소와 25%의 헬륨으로 이루어져 있었다."

수희가 한별에게 퍼센트에 대해 설명해 준다.

속도로 우주의 거리를 구하라!

퍼센트란?

백분율의 단위로, %라고 쓰고 '퍼센트'라고 읽는다. 백분율이란 전체의 양을 100으로 볼 때 어떤 양이 전체의 양에 대해 차지하는 정도를 말한다.
예를 들어 학생 40명 중에 결석자가 2명일 때 결석자의 비율을 백분율로 나타내면 $\frac{2}{40} \times 100 = 5\%$가 된다.

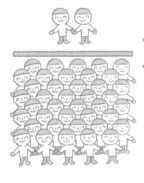

한별은 이제 퍼센트에 대해 이해하게 된다. 우주 공간에서 수학을 배우는 최초의 지구인 한별이.

외깨인이 프리드만에게 말한다.
"저쪽도 과학자들인데 빅뱅 우주론의 옳음을 말해 주면 되지 않을까요?"

"그게 우리 이론에도 약점이 없는 것이 아니라서……."

"무슨 약점인가요?"

"우리 이론의 치명적 약점은 우리 이론으로 우주와 지구의 나이를 측정했을 때 우주의 나이가 지구의 나이보다 어리다는 말도 안 되는 약점이 있지요."

한별이 놀란다.

"어떻게 우주의 나이가 지구의 나이보다 어릴 수가 있나요?"

프리드만이 고개를 숙인다.

"그런 약점을 잡아 저들이 우리를 공격하고 있는 것이라오."

"그렇다면 그 약점을 우리가 힘을 합쳐 바로잡아 보면……."

이때였다.

'쾅쾅쾅!'

굉음과 함께 비상 사이렌이 울린다.

이번엔 또 어떤 위기 상황이 발생한 것일까?

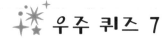 **우 주 퀴 즈 7**

우주에도 날씨가 있을까요?

속도로 우주의 거리를 구하라!

7. 우주 전쟁, 스타워즈

8 호일과 프리드만의 만남, 그리고 논쟁

"뭐, 방어망이 뚫렸다고?"

"이런, 최신식으로 얼마 전에 설치한 방어망인데……."

'쾅!' 문이 열리며 전자총을 든 병사들과 과학자 호일, 본디, 골드가 들어온다. 호일, 본디, 골드는 정상 우주론을 주장하는 과학자들이다.

호일이 앞으로 나선다.

"허허허, 잘 있었나. 프리드만! 르메트르도 있었군."

"호일, 결국 이렇게까지 쳐들어오다니……."

"프리드만, 아직도 점에서 빅뱅이 일어나 우주가 팽창한다고 믿고 있나?"

프리드만이 지지 않고 맞선다.

"당연하지. 나는 당신들처럼 우주는 변하지 않는다는 생각에는
반대일세."

"그렇다면 할 수 없지. 애들아, 저들을 쏘아라."

본디와 골드가 막 총을 쏘려고 할 때였다.

"잠깐만요!"

한별이 나선다.

"너희는 누구냐?"

호일이 무서운 눈초리로 묻는다.

"저는 지구에서 온 한별이라는 과학을 좋아하는 학생이고요. 이 여학생은 수학만 좋아하는 수희예요."

"수학만 좋아해?"

호일이 인상을 쓰자. 수희는 뜨끔한다.

"아니에요. 지금은 과학도 좋아해요……."

"그래? 혼내려다가 봐준다. 그런데 저 오징어 같은 것은 뭐냐?"

외깨인이 주변을 둘러본다.

"나? 나보고 오징어라고?"

호일이 총구로 외깨인을 겨눈다.

"그래, 너!"

총의 위협에 외깨인은 한풀 꺾인다.

"하하하. 맞아요. 제가 좀 오징어 같게 생기긴 했죠. 먼 우주에서 놀러온 외깨인이라는 외계인입니다."

역시 총은 무섭다.

한별이 분위기를 바꾼다.

"호일 아저씨, 저는 아저씨를 좋아했던 학생입니다."

"뭐, 네가 나를 안다고?"

한별이 호일에 대해 이야기한다.

속도로 우주의 거리를 구하라!

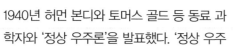
프레드 호일
(Fred Hoyle, 1915~2001년)

영국의 천문학자. 케임브리지 대학교를 졸업
하고, 이 대학교 교수로 근무하다가 팔로마
천문대와 캘리포니아 공과대학, 코넬 대학교
에서 근무했다.
1940년 허먼 본디와 토머스 골드 등 동료 과
학자와 '정상 우주론'을 발표했다. '정상 우주
론'은 우주는 시작과 끝이 없으며, 우주 내에서는 시간과 공간에 관계없이
우주의 모습은 항상 똑같다는 것이다.
이는 당시 발표된 천문학 이론인 '빅뱅 이론(빅뱅 우주론)'과 반대되는 것
으로, 호일은 1950년 '우주의 본질'이라는 방송 강의에서 '빅뱅'이라는 말
을 처음 사용했다.
그는 당시의 빅뱅 이론을 비아냥거리기 위해 이 용어를 썼는데, "우주가
어느 날 갑자기 '뻥(bang)' 하고 대폭발을 일으켰다는 이론도 있다."며 빅
뱅 이론을 비웃은 것이다. 이때부터 가모프 등이 주장한 대폭발설은 '빅
뱅 이론'이라 불렸고, 가모프 역시 자신이 처음 지은 '원시 불덩이'란 말
대신 '빅뱅'이라는 말을 사용했다.
호일은 스티븐 호킹이 등장할 때까지 영국에서 가장 저명한 천문학자로
명성을 떨쳤다.

호일은 한별이 자신에 대하여 자세히 알고 있는 것에 놀라워하며
한별의 머리를 쓰다듬는다.

이 틈을 타서 한별은 화해 분위기를 만들려는 시도를 한다.

"서로 무력 싸움을 하지 말고 대화로 서로의 주장을 풀어 가면 어떨까요?"

호일이 프리드만을 쳐다보며 묻는다.

"어때? 저 아이의 말대로 해 볼 테냐?"

프리드만은 눈을 지그시 감는다.

"좋아. 그렇게 하자."

그들은 그렇게 한별의 제안을 받아들이게 되었다.

'툭탁! 툭탁!'

무대가 한창 만들어지고 있다. 조명을 달고 있는 아저씨들과 카메라를 준비하고 있는 아저씨들, 많은 사람들이 분주히 움직이고 있다.

호일과 프리드만은 자신의 마이크를 체크하고 있다.

무대는 지구의 법정 무대와 유사하다. 무대 감독이 다 됐다는 OK 사인을 보낸다.

한별이 마이크 테스트를 한다.

"아아, 마이크 테스트. 자. 그럼 이제부터 온 우주의 관심사인 '우주는 어떻게 만들어졌을까'에 대한 토론을 방송해 드리겠습니다. 초대 손님으로는 먼저 정상 우주론을 주장하는 과학자 호일과 빅뱅 우주론을 내세우는 과학자 프리드만을 소개합니다."

속도로 우주의 거리를 구하라!

정상 우주론   빅뱅 우주론

먼저 프리드만이 인사를 한다.

"안녕하세요. 우주는 점에서 빅뱅을 일으켜 현재까지 팽창한다고 주장하는 과학자 프리드만입니다."

"우주는 변하지 않는다. 우주는 시초가 없으며 영원 불변하다고 생각하는 호일입니다. 안녕하십니까? 반가워요. 하하하."

"네, 벌써 두 분의 눈빛은 서로의 주장으로 팽팽합니다. 앞으로 멋진 토론 기대하겠습니다."

무대는 양쪽 진영으로 갈라져 있다. 프리드만 측에는 르메트르가 패널로 나와 있고, 호일 측의 패널로는 본디, 골드가 앉아 있다.

허먼 본디
(Hermann Bondi, 1919~2005년)

정상 우주론을 만든 과학자이며, 호일과는 군대에서 만나서 함께 연구하는 사이가 되었다. 천문학과 수학, 공학을 연구하였다.

토머스 골드
(Thomas Gold, 1920~2004년)

영국의 천문학자. 1940년대 후반 호일, 본디와 함께 정상 우주론을 발표하였고, 하버드 대학교에서는 메이저 증폭기를 연구하였다. 그 밖에 달의 구조에 관한 이론, 태양의 플레어와 폭풍이 지구 대기에 미치는 영향과 태양계의 기원을 밝히는 데 공헌하였다.

한별이 마이크를 잡자 조명이 한별에게 비춰진다.

우주 전쟁의 종결은 한별의 손에 달려 있다.

속도로 우주의 거리를 구하라!

과연 빅뱅 우주론이 옳은지 아니면
정상 우주론이 옳은지 이번 방송 토론을 통해
결정하도록 하겠습니다.

"여러분, 당신들은 우주를 대표하는 과학자들입니다. 지금 이 순간부터는 무력을 행사할 수 없습니다. 병사들의 무기는 다 수거하겠습니다. 이제부터는 토론이나 컴퓨터 검색, 또는 연구를 통해서만 자신의 의견을 주장해야 합니다."

수희, 한별을 쳐다보며 쟤가 언제부터 저렇게 멋있었나 하고 놀라워한다.

외깨인도 한별이 자랑스럽다.

한별이 쥔 마이크에도 긴장한 한별의 땀이 밴다. 다른 사람들에게 보이지 않지만.

8. 호일과 프리드만의 만남, 그리고 논쟁

"자. 긴장된 순간입니다. 이제 우주 전체에 중계방송을 시작하겠습니다. 과연 빅뱅 우주론이 옳은지 아니면 정상 우주론이 옳은지 이번 방송 토론을 통해 결정하도록 하겠습니다. 전 우주 시청자 여러분, 채널 고정!"

✦ 우주 퀴즈 8

정상 우주론과 빅뱅 우주론은 어떻게 다른가요?

속도로 우주의 거리를 구하라!

평화 협정

호일이 먼저 마이크를 잡았다.

"우주가 과거에 크게 '뻥!' 하고 폭발해서 커졌다는 게 말이 돼?"

호일이 먼저 프리드만에게 자신의 주장을 펼쳤다.

방청객들이 호일의 말에 크게 웃는다.

보조 진행인으로 외깨인이 나선다.

"감정적인 발언은 삼가 주시기 바랍니다. 호일 씨, 과학적 근거를 내세워 자신의 의견을 말하세요."

그렇다. 전 우주인이 지켜보는 방송에서 우스운 말로 상대를 공격해서 안 된다.

그러자 호일 측의 패널인 골드가 마이크를 잡는다.

"우리가 빅뱅 우주론을 배척하는 이유는 우주의 나이가 지구의 나이보다 어리다는 것입니다. 그게 말이 됩니까?"

그건 골드의 주장이 옳다. 처음 발표한 빅뱅 우주론은 그런 단점을 가지고 있었다. 빅뱅 우주론에 따르면 우주의 나이가 지구의 나이보다 어리게 되어 있다.

한별이 나서며 토론을 이끌어 간다.

"이에 대한 반론을 해 주세요. 프리드만 씨."

프리드만이 말한다.

"그건 오해입니다. 많은 천문학자들의 노력으로 안드로메다 은하에서 여러 개의 변광성을 찾아냈습니다."

"변광성이 어쨌다는 거요?"

"안드로메다 은하까지의 거리가 허블이 측정했던 것보다 훨씬 더 멀다는 것을 알게 되었습니다."

"뭐? 안드로메다 은하까지의 거리가 우리가 알고 있던 거리보다 멀다고?"

"그래요. 그래서 우리는 우주의 나이를 다시 계산해 보았어요. 그랬더니……."

"그랬더니?"

"우주의 나이가 지구의 나이와 비슷하게 늘어났습니다. 측정을 통해 이렇게 우주의 나이가 늘어난다는 것은 앞으로 계속 있을 새

로운 측정으로 우주의 나이는 더욱 늘어난다는 희망을 가질 수 있
게 해 줍니다."

"그건 아직 모를 일입니다."

호일이 반론을 펼친다

이때 외깨인이 나선다.

"실제로 여러 가지 측정을 통해 현재 우주의 나이는 약 140억 년
이라는 것을 알게 되었습니다. 지구와 태양계의 나이가 46억 년인

것에 비하면 우주의 나이는 훨씬 많다는 것이 밝혀졌습니다."

호일이 외깨인을 째려봤지만 어쩔 수 없다. 온 우주인이 지켜보는 방송에서 화를 낼 수는 없는 노릇이다.

호일의 패널인 골드가 다시 이야기한다.

"우리의 우주론 역시 우주가 팽창한다는 사실은 인정하고 있습니다. 하지만 창조의 순간은 없고 우주가 변함없이 영원히 존재한다는 주장을 하는 것입니다."

이때, 한별이 나선다. 마침 그 내용에 대해 언젠가 책을 읽었던 기억이 났다.

"만약 우주가 팽창하기만 한다면 시간이 지남에 따라 우주의 밀도가 작아질 것입니다. 이에 대해 두 분의 주장은 어떤가요?"

한별의 지적은 예리했다.

골드가 다시 마이크를 잡고 말한다.

"우주가 팽창함에 따라 넓어지는 은하 사이의 공간에 새로운 물질이 창조되어 밀도가 작아지는 것을 보충해 줍니다."

그러자 이번에는 프리드만이 반격을 한다.

"그렇다면 그 물질은 어디서 왔습니까?"

호일이 답한다.

"그건 우주의 팽창과 함께 서서히 만들어집니다."

"아닙니다. 모든 에너지와 물질은 우주가 시작되는 순간에 만들

속도로 우주의 거리를 구하라!

어진 것입니다."

또다시 두 사람 간에 의견이 갈린다.

이제 외깨인이 나선다.

"두 의견의 승패는 은하의 분포를 조사해 보면 알 수 있습니다."

뭐? 은하의 분포를 조사해 보면 알 수 있다고? 두 팀 모두 놀란다.

이때 스피커에서 음악이 흐르면서 성우의 목소리가 나온다.

> 정상 우주론에 따르면 새로운 물질이 모든 곳에서 만들어지고 있고, 이 물질들은 일정한 시간이 흐른 후에 새로운 은하를 형성할 것이다. 이렇게 새로 만들어지는 아기 은하, 즉 새로 생기는 은하는 우리 이웃에도 있을 수 있고, 우주의 반대편에도 있을 수 있으며, 그 사이에도 있을 수 있어야 한다.
>
> 또한 빅뱅 우주론이 맞다면 아기 은하는 아주 멀리 떨어진 곳에서만 발견되어야 한다. 우주 전체가 동시에 창조되어 팽창하고 있다면 아기 우주는 우주 초기에만 있어야 하는 것이다.

한별이 마이크를 잡는다.

"이것을 판정하려면 아주 성능이 좋은 망원경이 필요합니다."

그랬다. 우주 반대편에 있는 은하들을 관측할 수 있다면 어느 우주론이 옳은지 알 수 있을 것이라는 얘기다.

외깨인이 다시 마이크를 넘겨받아서 말한다.

"아기 은하와 나이 많은 은하가 여기저기 섞여 있으면 정상 우주

론이 옳은 것이고, 가까운 곳에는 나이 많은 은하만 있고 먼 곳에서
는 아기 은하만 관측된다면 우주가 어느 순간에 창조되어 팽창하고
변해 간다는 빅뱅 우주론이 옳습니다."

'지이잉······.'

엄청난 크기의 망원경이 등장한다. 이제 두 우주론의 승패를 가리
는 것은 시간 문제다.

많은 과학자들이 망원경으로 몰려든다.

아뿔싸. 그런데 이게 뭐람. 이 망원경은 대형 건전지로 작동하는

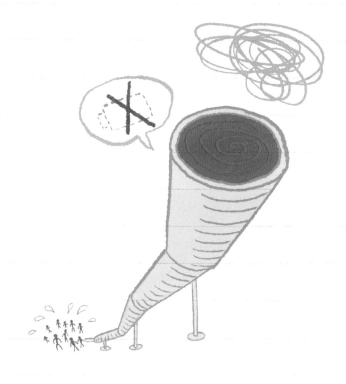

속도로 우주의 거리를 구하라!

데 방송사측에서 대형 건전지를 준비하지 못하였다. 이건 분명 방송 사고다. 하지만 이런 방송 사고에도 불구하고 한별의 진행은 매끄럽다.

"하하하, 건전지는 역시 한국산인데 아직 준비를 못했나 봅니다. 잠시 전하는 말씀 듣고 방송을 계속 진행하겠습니다."

방송에 잠시 광고가 나가는 사이 두 과학자들은 항의하기 시작한다. 하지만 이 짧은 시간 동안 건전지는 구할 수 없다. 그래서 다른 방법을 과학적으로 찾아보기로 그들은 어쩔 수 없이 합의를 본다.

다시 방송이 시작되고 한별이 마이크를 잡는다.

"아까 그 쟁점보다 더 좋은 주제가 있어서 그 이야기를 지금 해보도록 하겠습니다."

"더 좋은 주제란 대체 뭐지?"

우주인들이 웅성거린다. 이때, 프리드만은 혼자서 중얼거린다.

"누군가 우주 배경 복사만 찾아낸다면……. 아주 힘든 일이겠지만……."

"빅뱅 우주론이나 정상 우주론이 공통적으로 겪고 있던 어려운 문제에 관한 이야기입니다 우주에 존재하는 여러 가지 원소들이 어떻게 만들어졌느냐를 두 이론 모두 매끄럽게 설명하지 못하고 있습니다."

외깨인이 다시 진행을 받는다.

"물론 빅뱅 우주론에서는 수소와 헬륨은 우주 창조 초기에 만들어졌다고 주장했습니다. 그러나 더 무거운 원소들이 어떻게 만들어졌는지를 밝혀내지 못했습니다."

이때, 호일이 버럭 화를 내며 일어난다.

"무슨 소리, 별의 내부에서는 온도와 밀도에 따라 여러 단계의 핵융합 반응이 일어나. 그래서 별들이 무거운 원소들을 만들어 낸다는 것을 내가 증명했잖아."

한별이 컴퓨터를 검색해 보니 방금 호일이 말한 내용이 사실이다.

"그렇다면 정상 우주론이 이긴 것인가?"

방청객의 웅성거림이 들린다.

"아직 그 판단은 일러요. 정상 우주론에서는 무거운 원소가 만들어지는 과정은 설명할 수 있었지만 수소와 헬륨의 비율은 설명할 수 없어요."

"음, 그렇군."

또다시 군중의 웅성거림이 들린다.

"맞습니다. 수소와 헬륨의 비율입니다."

비율이란 말이 나오자 수학을 잘하는 수희가 비율에 대해 말한다. 우주인들은 사실 수학을 너무 못하기 때문이다.

속도로 우주의 거리를 구하라!

비율이란?

기준량에 대한 비교하는 양의 크기. 분수나 소수로 나타낼 수 있다.

이를테면, 30원의 40원에 대한 비율은 0.75이다.

또한 비율은 할, 푼, 리, 모, ……로도 나타낼 수 있는데, 야구 선수의 타율을 말할 때 '몇 할 몇 푼'이라는 말을 많이 사용한다. 이때 0.1을 1할, 0.01을 1푼, 0.001을 1리, 0.0001을 1모, ……라고 한다. 다시 말하면, 비의 값을 소수로 나타냈을 때, 그 소수 첫째자리를 할, 소수 둘째자리를 푼, 소수 셋째자리를 리, 소수 넷째자리를 모라고 한다. 따라서 0.1653은 1할 6푼 5리 3모이다.

네! 이 선수의 타율은 3할 2푼입니다!

이때, 프리드만이 손을 든다.

"빅뱅 우주론이 옳다는 것을 증명할 증인을 채택하겠습니다."

한별이 놀라며 허락한다.

증인으로 펜지어스와 로버트 윌슨이 등장한다.

아노 펜지어스
(Arno Penzias, 1933년~)

독일 태생의 미국 천체 물리학자. 컬럼비아
대학교에서 박사 학위를 받은 후 벨연구소
에 입사했다. 이 연구소에서 전파를 측정하
다가 전파 잡음 외에도 열복사(우주 배경 복
사)가 있다는 사실을 발견했다. 이 업적으로
1978년 윌슨과 함께 노벨물리학상을 받았다.

로버트 윌슨
(Robert W. Wilson, 1936년~)

미국의 전파천문학자. 1964년 아노 펜지어
스와 함께 우주 배경 복사를 발견하였다. 이
복사는 우주가 창조될 때의 최초의 폭발에
의한 것으로 여겨지는데, 우주 기원에 대한
대폭발 이론을 뒷받침하는 발견이 되었다.
이 업적으로 1978년 펜지어스와 함께 노벨
물리학상을 수상했다.

속도로 우주의 거리를 구하라!

프리드만이 말한다.

"빅뱅의 우주론이 옳다는 것을 말해 주세요."

펜지어스는 윌슨의 손을 잡으며 말한다.

"우리가 우주 배경 복사를 찾았습니다. 우주 배경 복사를……."

"우주 배경 복사를?"

놀라는 호일이다. 우주 배경 복사를 찾았다는 것은 빅뱅 우주론이 옳다는 뜻이기도 하기 때문이다.

우주 배경 복사가 대체 무엇이기에 호일을 비롯하여 많은 관중들이 놀라는 것일까?

우주 배경 복사

우주 공간의 배경을 이루며 모든 방향에서 같은 강도로 들어오는 전파로, 전 우주에 퍼져 있으므로 우주가 한 지점에서 시작되었다는 것을 말해 준다. 다시 말해 우주가 한 점으로부터 폭발과 함께 시작되었다는 빅뱅 우주론을 뒷받침해 주는 증거가 된다.

이로써 그들의 우주 전쟁을 일으킨 우주론의 대결은 끝이 난다.

호일도 더 이상 어쩌지 못한다. 프리드만과 호일은 악수를 하고 평화 협정을 체결한다.

속도로 우주의 거리를 구하라!

한별이 일행도 기뻐한다. 한별이 일행은 프리드만으로부터 지구로 돌아갈 수 있는 엄청난 고성능의 에너지를 받고 지구로 떠난다. 모든 것이 다 해결된 것이다.

아니, 아직 아니다. 한별과 수희에게는 그동안 밀린 숙제가 기다리고 있을 테니까…….

우주 퀴즈 정답

퀴즈1

'지구 반대편에 있는 사람은 거꾸로 서 있는 셈인데 왜 떨어지지 않을까?'라는 생각은 누구나 한 번쯤 해 봤을 거예요. 그것은 지구의 중심에서 끌어당기는 힘이 있기 때문이에요. 이것을 중력이라고 하는데, 지구 전체에 골고루 퍼져 있어요. 이 중력은 지구 중심에서 나온답니다.

속도로 우주의 거리를 구하라!

퀴즈2

태풍은 따뜻한 바다에서 생겨요. 그리고 위로 올라오다가 단단한 육지와 부딪치면서 약해지고 결국은 사라지게 되지요. 그런데 목성에는 단단한 육지가 없기 때문에 한 번 발생한 태풍은 여간해서 사라지지 않는답니다.

퀴즈3

우리 은하는 태양계가 속해 있는 은하를 말해요. 우리 은하는 태양에서 약 3만 광년의 거리에 있으며, 2개의 팔이 소용돌이치는 모습을 하고 있는 나선형 은하랍니다. 한여름 밤 백조자리 근처에서 관찰할 수 있어요.

퀴즈4

변광성이란 시간에 따라서 밝기가 변하는 별을 말해요. 변광성은 다른 날 밤 찍은 두 장의 사진을 겹쳐 놓고 비교하면 밝기의 변화를 쉽게 찾아낼 수 있어요. 변광성의 주기는 밝기에 비례해서, 두 변광성의 주기가 같다는 것은 두 별의 실제 밝기가 같다는 것을 뜻해요.

퀴즈5

참(옳은 것)이라고 말하거나 거짓(옳지 않은 것)이라고 말하거나 모두 이치에 맞지 않아서 참이라고도 거짓이라고도 말할 수 없는 모순된 문장이나 관계를 패러독스 또는 역설이라고 해요.

속도로 우주의 거리를 구하라!

허블의 법칙은 외부 은하가 파장이 긴 쪽으로 움직이는 적색 편이를 일으키는 것으로 보아 우주는 팽창중이라는 이론이에요. 허블은 은하의 스펙트럼선들이 원래의 파장에서 적색 쪽(긴 파장 쪽)으로 이동하는 것을 알아냈어요. 이것은 은하가 멀어지고 있다는 것을 뜻하고, 모든 은하가 멀어지고 있다는 것은 우주가 팽창하고 있다는 증거가 될 수 있어요.

우주는 진공 상태니까 날씨 같은 게 있을 리 없다고 생각하는 사람도 있을 거예요. 그러나 인류는 이미 '우주 기상 예보'를 실시하고 있답니다. 우주 기상 예보의 관측 대상은 바로 태양 바람이에요. 그래서 우주에서도 바람이 분다고 볼 수 있지요.

퀴즈8

정상 우주론은 우주는 시작도 끝도 없이 영원히 밀도가 일정하며 변하지 않는다고 주장하는 이론이고, 빅뱅 우주론은 우주가 태초의 대폭발로 시작되었으며 지금도 팽창한다고 주장하는 이론이에요.

속도로 우주의 거리를 구하라!

새로운 수학·과학 교육의 패러다임

"지구는 둥근 모양이야!"라고 말한다면 배운 것을 잘 이야기할 수 있는 학생입니다.

"지구가 둥글다는 것을 어떻게 알게 되었나요?"라고 질문한다면, 그리고 그 답을 스스로 생각해 보고 궁금증에 대한 흥미를 느낀다면 생활 주변에서 배우고 성장할 수 있는 학생입니다.

미래 사회는 감성과 창의성으로 학문의 경계를 넘나드는 융합형 인재를 필요로 합니다. 단순한 지식을 주입하지 않고 '왜?'라고 스스로 묻고 찾아볼 수 있어야 합니다.

미국, 영국, 일본, 핀란드를 비롯해 많은 선진 국가에서 수학과 과학 융합 교육에 힘쓰고 있습니다. 우리나라에서도 창의 융합형 과학 기술 인재 양성을 위해 교육부에서 융합인재교육(STEAM) 정책을 추진하고 있습니다.

융합인재교육(STEAM)은 과학(Science), 기술(Technology), 공학(Engineering), 예술(Arts), 수학(Mathematics)을 실생활에서 자연스럽게 융합하도록 가르칩니다.

〈수학으로 통하는 과학〉 시리즈는 융합인재교육(STEAM) 정책에 맞추어, 수학·과학에 대해 학생들이 흥미를 갖고 능동적으로 참여하며 스스로 문제를 정의하고 해결할 수 있도록 도와주고 있습니다.

스스로 깨치는 교육! 과학에 대한 흥미와 이해를 높여 예술 등 타 분야를 연계하여 공부하고 이를 실생활에서 직접 활용할 수 있도록 하는 것이 진정한 살아 있는 교육일 것입니다.

속도로 우주의 거리를 구하라!

사진 저작권

8 수학으로 통하는 과학

속도로 우주의 거리를 구하라!

ⓒ 2014 글 김승태
ⓒ 2014 그림 방상호

초판 1쇄 발행일 2014년 12월 10일
초판 5쇄 발행일 2021년 7월 5일

지은이 김승태
그린이 방상호
펴낸이 정은영

펴낸곳 (주)자음과모음
출판등록 2001년 11월 28일 제2001-000259호
주소 04047 서울시 마포구 양화로6길 49
전화 편집부 (02)324-2347, 경영지원부 (02)325-6047
팩스 편집부 (02)324-2348, 경영지원부 (02)2648-1311
이메일 jamoteen@jamobook.com

ISBN 978-89-544-3117-0(44400)
      978-89-544-2826-2(set)

이 도서의 국립중앙도서관 출판시도서목록(CIP)은 서지정보유통지원시스템
홈페이지(http://seoji.nl.go.kr)와 국가자료공동목록시스템(http://www.nl.go.kr/kolisnet)에서
이용하실 수 있습니다.(CIP제어번호: CIP2014033655)